拿什么保护你，
我的孩子

360°全方位保护孩子安全

张 然 著

天津教育出版社
TIANJIN EDUCATION PRESS

图书在版编目（CIP）数据

拿什么保护你，我的孩子：360°全方位保护孩子安全 / 张然著. -- 天津：天津教育出版社，2011.3
ISBN 978-7-5309-6392-0

Ⅰ. ①拿… Ⅱ. ①张… Ⅲ. ①安全教育－青少年读物 Ⅳ. ①X925-49

中国版本图书馆CIP数据核字(2011)第026562号

拿什么保护你，我的孩子　360°全方位保护孩子安全

出 版 人	胡振泰
作　　者	张　然
责任编辑	袁　颖
选题策划	郑　炜
特约编辑	傅　玄
装帧设计	陈　辉

出版发行	天津教育出版社
	天津市和平区西康路35号
	http://www.tjeph.com.cn
邮政编码	300051
经　　销	全国新华书店
印　　刷	三河市南阳印刷有限公司
版　　次	2011年5月第1版
印　　次	2011年5月第1次印刷
规　　格	1/16　710mm×1000mm
字　　数	80千字
书　　号	ISBN 978-7-5309-6392-0
定　　价	25.00元

前 言

随着医疗水平的提高,生活环境的改善,让因疾病造成的死亡率有了显著的下降,只是与此同时,意外事故导致的伤亡却逐渐增多。

意外事故的发生与年龄、性别、地域无关,而孩子的安全知识及对突发事故的处理能力相对薄弱,所以儿童发生意外事故造成的死亡率极高,就算没有丢掉性命,也往往因避免不了的残疾留下伴随一生的遗憾。

虽然从一方面学龄前与学龄中的儿童发生危险事故的可能性较高,但从另一方面来看,他们的生理、心理还在发育过程中,行动方式通过教育较容易改变,可以说是最好的施教对象。因此,对于这一时期的孩子们而言,告诉他们如何养成良好的安全习惯和安全行动方式,帮助他们学会身处危险环境中也尽可能将受伤害程度降至最低,此类持续、系统的教育尤为必要。

不仅教育机构,家庭中的安全教育也很重要。由于父母们缺乏相关的安全知识,往往无法给予孩子适当的教育,基于此,我们为大家准备了这本介绍安全事故发生类别、针对各类事故的预防方法及处理方法的书,希望孩子和家长通过阅读此书,积累一定的安全意识,让孩子们在没有安全忧患的环境中,尽情为自己的梦与理想而努力。

目录

第一章 交通安全
1. 安全步行　　　　/002
2. 安全乘车　　　　/007
3. 熟知交通规则　　/014
4. 非机动车安全　　/020
5. 交通安全检查与应急措施　　/022

第二章 食品安全
1. 食物中毒　　　　/027
2. 食物过敏　　　　/029
3. 保证食品卫生　　/031
4. 食品添加剂与健康　　/033
5. 儿童食品消费误区　　/035
6. 异位性皮肤炎　　/036
7. 食品安全检查与应急措施　　/041

第三章 防火安全
1. 火灾是怎样发生的　　/045
2. 怎样预防火灾　　/046
3. 火灾发生时的对策　　/049
4. 灭火方式　　　　/054
5. 熟悉消防设备的种类　　/056
6. 防火安全检查清单　　/056
7. 防火安全问与答　　/057

第四章 校园安全

1. 幼儿园安全　　　　　　　/060
2. 中小学校园安全　　　　　/061
3. 校园安全应对策略　　　　/066
4. 校园安全检查清单　　　　/068
5. 校园安全问与答　　　　　/069

第五章 居家安全

1. 儿童家庭隐患　　　　　　/072
2. 家庭中的意外　　　　　　/076
3. 保障家庭安全　　　　　　/079
4. 儿童家庭意外急救　　　　/084
5. 家庭安全检查清单　　　　/087
6. 应急措施　　　　　　　　/089

第六章 性侵犯防护

1. 什么是儿童性侵犯　　　　/091
2. 儿童遭受性侵犯的后遗症　　　/094
3. 性侵犯防范须知　　　　　/094
4. 预防儿童性侵犯　　　　　/098
5. 孩子遭受性侵犯后　　　　/099

第七章 玩耍安全

1. 游乐场的安全保障　　　　/102
2. 运动安全　　　　　/105
3. 玩具安全　　　　　/107
4. 休闲旅游活动安全　　　　/109
5. 游戏安全　　　　　/110
6. 玩耍安全检查清单　　　　/112
7. 应急措施　　　　　/114

第八章 公共场所安全

1. 外出安全　　　　　/116
2. 户外自我防范　　　/117
3. 不同场所的安全　　/118
4. 公共场所安全检查清单　/124
5. 公共场所安全问与答　/125
6. 应急措施　　　　　/126

第九章 自然灾害安全

1. 地震安全　　　/128
2. 暴雨安全　　　/130
3. 洪水安全　　　/131
4. 泥石流安全　　/132
5. 台风安全　　　/133

第十章 儿童安全教育ABC

1. 父母护卫子女守则　　　/136
2. 教导孩子识破歹徒的伎俩　/136
3. 让孩子机警起来　　　　/137
4. 跟孩子一起，探讨面对危机的应对之道　/138
5. 避免孩子遭受性侵害，应当采取的预防与处理措施　/138
6. 校园暴力的预防与处置　/140
7. 日常生活中应注意的安全事项　/141
8. 常见的事故伤害急救措施　/142

附录　应急措施

1. 遇见急救患者的行动要领　/144
2. 人工呼吸与心肺复苏法　　/145
3. 不同事故的相应应急措施　/148

第一章　交通安全

◆**城里孩子遇到的交通意外**：2007年一个夏日中午，在湖北省咸宁市上初中二年级的小飞骑着自行车去学校。就在他走到十字路口时，红灯亮了。但是当时街上车辆并不多，他看到没车经过就马上猛蹬了几下，直向对面骑去。就在这时，一辆浅蓝色的小轿车急驰而来……于是，一起本不应该发生的交通事故就这样酿成了。

◆**农村孩子遇到的交通意外**：2009年3月18日早上7时许，在铅山县新滩乡西坂村境内，肇事人叶某驾驶一辆拖拉机与骑自行车的叶某（男，9岁）同方向行驶时发生碰撞，叶自行车后带占某（女，7岁），事故中车辆右后轮将倒地的叶、占头部碾压致两人当场死亡。经调查，叶与占是表兄妹关系，都是留守儿童，被托付给爷爷（外公）监护。

上述两个案例都是血淋淋的交通事故，朵朵娇嫩的花朵就这样夭折了。前者因为不遵守交通规则引发了血案；后者则凸显我国农村留守儿童面临的交通安全困境。

当儿童走在路上，他们的自控能力与成人有一定差距，正因为这样，作为他们的监护人，更显出家长、老师对于维护儿童交通安全责任的重大。社会各界应关注孩子们的交通安全，让他们平安地茁壮成长。

据国际交通安全机构的统计显示，交通意外伤害已经成为威胁儿童安全的"第一杀手"，在每10位死于交通事故的人中，至少有1人是儿童。正因为交通事故是导致儿童意外丧生的主要原因，所以预防办法及相应的安全教育就显得尤为重要。

机动车是我们生活中不可或缺的存在，所以一定要以家庭为中心，持续不断地对孩子进行交通安全教育。例如，在电视或报纸上看到关于交通意外的报道，就应该把握时机及时向孩子说明其危险性，并告知预防办法。

很遗憾的是，除了家庭之外，当前能够充分提供交通安全教育的机构并不多。至于学校，老师毕竟不是交通安全专家，不具备足够的专业知识，仅仅可嘱咐些"小心车辆"之类的话，是不足以保障这些跑着、跳着、玩着滑板、说笑着走路的孩子们的安全的。

对于善于模仿大人行动的孩子们来说，没有比父母更好的榜样。所以与孩子一起走路或乘车时，千万不要忘记遵守交通规则，潜移默化地让孩子养成好习惯。

1.安全步行

5~9岁孩子的常见死因是交通事故。

学龄儿童最容易遇上交通事故，因为他们经常在路上行走，而且缺乏足够的应急经验。他们的周边视觉还没有发育完善，不能准确地估算出从远处开来的汽车的时速和距离，对什么时候穿越马路比较安全也缺乏正确的判断力。因此，让孩子们养成小心谨慎的习惯是非常必要的。

家长怎么教?

● 灌输交通安全知识

父母要尽早灌输孩子安全过马路的知识。过马路时必须走人行横道线，而且要先看清楚红绿灯然后再过马路。甚至还要告诉他有些司机会闯红灯，因此，有时人行横道线上也不是安全地带。发生交通事故的孩子中有三分之一都是在标有斑马线的人行横道线上受伤的，因此一定要看清楚两边的车辆再过马路。

● 在生活中给予示范教育

在带孩子过马路的时候,要给他们示范安全通过人行横道的规则,并讲解交通信号灯和人行横道线的作用,以及过马路前为什么要先看左边,后看右边,然后再看左边的重要性。另外还要让他们知道什么样的信号灯对他们通行有利,以及什么时候是过人行横道线的最佳时机等。

● 让孩子远离下水井

城市里随处可见的一个个下水井,有时井盖盖得并不严实,有时甚至没有井盖,存在着很大的安全隐患。因此要避免让孩子在井盖上踩着玩。有些下水井盖没有盖严实,一旦踩到这些下水井盖,儿童就有掉下去的危险。告诉孩子走路时一定要注意自己的脚下,绕开下水井。

● 让孩子不要在汽车尾部玩耍

汽车的尾部没"长眼睛",它们看不到自己身后究竟藏着什么人,有的孩子可能会问:司机叔叔可以借助后视镜来看车身后面的情况。其实在汽车的后视镜中往往看不到孩子们小小的身影,一旦倒车,很可能会把车后的孩子撞倒,所以孩子一定不要在停着的汽车尾部玩耍。

● 让孩子避让转弯车辆

当汽车的方向灯一闪一闪时,就是在告诫人们,汽车要转弯了。儿童应该注意避让转弯车辆,在道路上碰见转弯的车辆时,不能靠车辆太近,不要以为汽车的车头已经过去就安全了。如果孩子太靠近转弯汽车,很可能会被车尾撞倒。

● 告诫孩子不要在路上奔跑玩耍

孩子精力旺盛、活泼好动,即使在路上行走也是蹦蹦跳跳、嬉戏打闹,甚至有时还在路上进行球类活动,这更增加了发生事故的可能性。因此应让孩子避免在路上奔跑玩耍。

● 让孩子走在自己的右边

一般人多使用右手,所以右手比左手灵活,万一孩子忽然从自己身边跑

开，右手要把他们拽住也比左手更敏捷有力。我国交通规则是"车辆靠右行驶"。因为自行车和大小机动车都比人步行速度快，它们在超越同向行人时，自然是从行人左侧经过。这时，大人走在孩子左边就可以起到一定的防护作用。当然，如果在带孩子上街不得不沿着行车道逆行时，则应该让孩子走在大人的左侧。

● 确定出行安全路线

要熟悉孩子经常前往的场所，熟悉从家到这些场所的路线，比如从家到学校的路、去操场的路以及去伙伴家的路。家长可以像探险家一样先和孩子一起走一趟，并确定一条最安全和最容易穿越马路的路线。然后向他交代清楚，让他只能走这条最安全的线路，最大程度地确保孩子的出行安全。

安全穿越马路

马路上有很多我们意想不到的危险，而现在有一种方法可以让我们更加安全地穿行马路——安全穿越马路五个原则。父母可以先和孩子一同熟悉这五个原则，然后再在实践中逐一说明。

● 第一，先停下。

过马路时发生的交通事故，80%都是因为突然快速穿过马路而导致的。无论马路有无交通信号灯，都要养成先停下来观察车辆的习惯。

● 第二，左边、右边、再左边，观察有无车辆驶来。

站在人行道前，观察是否有机动车朝自己的方向驶来，按照左边、右边、再左边的顺

序仔细观察。

● 第三，确定没有车，有车不能过。若在马路上看到机动车，举手示意。

机动车从我们旁边驶过，举手示意司机"我要过马路"是最好的习惯。

● 第四，务必确认车辆是否停下。

举手示意后，一定要确认车辆是否已经停下。通常在人行道前，司机的第一反应总是"千万不要闯红灯（行人的绿灯）"，而不是"我要停下"。所以，一定要养成确认车辆已经停下，再穿越马路的习惯。

● 第五，确定司机正注意到自己后再通过。

停下的车辆也可能会突然行驶，从而引发意外，所以在穿越马路时要时刻观察车辆的状况。

注意

穿越马路，要听从交通民警的指挥；要遵守交通规则，做到"绿灯行，红灯停"。

穿越马路，要走人行横道线；在有过街天桥和地下通道的路段，应自觉走过街天桥和地下通道。

穿越马路时，要走直线，不可迂回穿行，在没有人行横道的路段，应先看左边，再看右边，在确认没有机动车通过时才可以穿越马路。

不要翻越道路中央的安全护栏和隔离墩。

不要突然横穿马路，特别是当马路对面有熟人、朋友呼唤，或者自己要乘

坐的公共汽车已经进站，千万不能贸然行事，以免发生意外。

特殊环境中的步行安全

● 黑夜中的安全

在漆黑的夜里身着亮色衣服较为安全，若是能背上反光材质制作的书包、手腕系上反光材质的手链会更好。反光材质可以反射车灯光线，便于司机准确判断孩子的具体位置。

● 雨天里的安全

下雨时天空总是阴沉沉的，应该穿些黄色之类的亮色衣服、撑鲜艳颜色的雨伞。如果一手撑伞、一手拎书包的话，遇到危险状况时的处理能力会降低，因此最好双肩背书包。

至于撑伞的方式也很重要，伞面下压、低头走路是非常危险的，正确方法是要让伞面处于视线上方，保持视野开阔。雨停后，先收起雨伞，将伞尖朝向地面，不要拿着雨伞与同学打闹，以免注意不到车辆的经过，从而引起其他事故。

错误的撑伞方式

正确的撑伞方式

● 下雪天里的安全

下雪时天空会阴沉沉的,应该穿上鲜艳的衣服引起汽车司机的注意,还要记得避免穿白色的衣服。

在下雪天戴上毛线帽与围巾,不仅可以保暖,万一不小心摔倒,还能起到缓冲的作用,这样就会更加安全。不过,如果耳朵被挡住的话,会影响听力,所以要尽量让耳朵露在外面,也最好不要戴耳罩。

还有,双手插在口袋里走路,会降低面对危险的处理能力,而且跌倒时可能会摔得比较重,应该尽量戴手套。至于鞋子,最好是选择鞋底纹路较深、防滑的运动鞋。

2.安全乘车

儿童乘车安全在全世界都是很大的问题,特别是在发达国家,12岁以下的

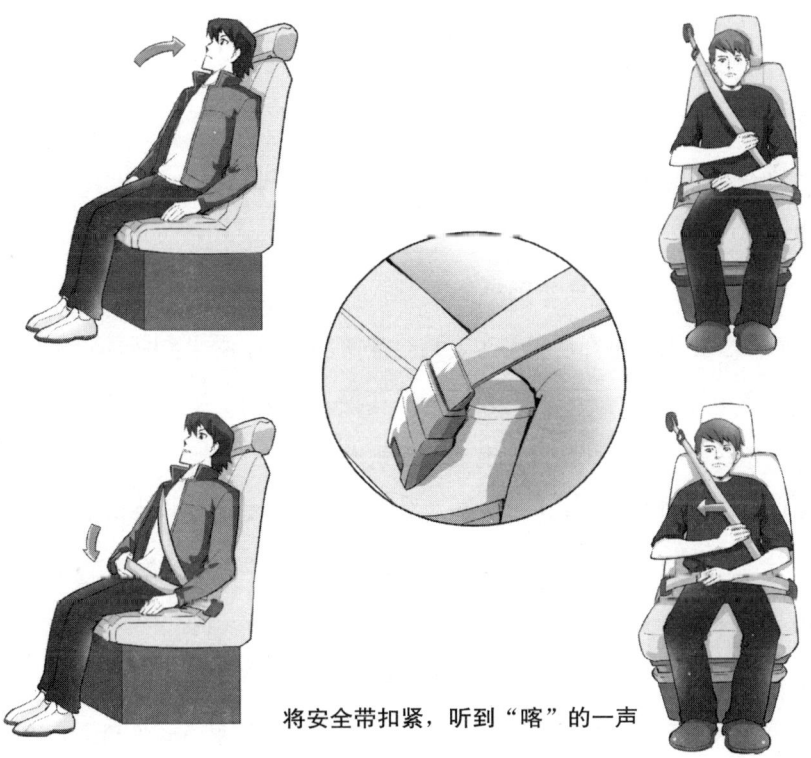

将安全带扣紧,听到"喀"的一声

儿童在车祸中死亡的人数基本上占了整个伤亡人数的一半。而在中国，每年都有18500名14岁以下儿童死于交通事故，死亡率是欧洲的2.5倍，是美国的2.6倍，儿童乘车安全的形势更加严峻。

自己开车载送孩子时

● 避开安全气囊

永远不要把儿童坐椅放在有安全气囊的前排。安全气囊对12岁以下儿童十分危险，在副驾驶座上乘坐的儿童可能被爆炸的气囊造成致命的伤害，越靠近气囊，伤害越重。

● 安全带

不管坐在哪里，所有乘员都应系好安全带，未系安全带的儿童可能被安全气囊伤害。这一点父母一定要注意。

● 后排为宜

对任何年龄的儿童而言，后排都是最安全的位置。因此我们建议，儿童在乘车的时候要选择后排的坐椅。

带孩子乘车时

针对不同年龄段的孩子，父母应该怎样细心呵护呢？

● 带1岁以下婴儿坐车

1岁以下的婴儿是最娇嫩的群体，因而需要的保护也更多。但绝大部分中国家长都习惯把婴儿抱在怀里乘车，这是非常危险的。婴儿的头部较重，颈椎尚不能支撑头部重量，因此如果以面向车头的方式乘车，极有可能会在紧急刹车或意外事故中导致头往前甩，造成严重伤害。

所以针对1岁以下的婴儿，最好是采取背向车头或者使用横向躺卧式设计的保护装置，当我们遭遇冲撞时能够较好地保护宝宝柔嫩的身躯。

● 带满1岁的幼儿坐车

宝宝满1岁后，由于体形发育趋于完善，可以采用后向式坐椅。由于儿童头部比例较大，因此4岁以下的儿童（18千克以下）采用后向坐椅最为安全。

错误　　　　　　　　　　　　　正确

沃尔沃汽车公司交通事故研究组研究证明，后向式儿童安全坐椅可将伤害减少90%。同正向坐椅相比，后向坐椅可将撞击力和对儿童头颈部的伤害减少一半。瑞典某保险公司的调查结果也证实了这种观点。该公司的调查表明，幼儿乘车时，坐在前向坐椅里要比坐在后向坐椅里的丧生或受重伤的概率高。

● 带4～12岁的儿童乘车

4～12岁儿童的体重一般在15～36千克左右，这些孩子除了选择儿童坐椅外也可以选择儿童安全坐垫，因为一般的安全坐椅常有过小不适用之虞，但由于儿童本身身高还不够高，因此如直接使用汽车后座的安全带，有可能会使安全带越过儿童的脖子，造成勒伤或割伤，因此为儿童选购将乘车位置增高的汽车安全坐垫很有必要。安全坐垫可以减少在碰撞中对腹部的伤害。当儿童被垫高后，就可以正常使用安全带，保护儿童的胸部和头颈部。沃尔沃汽车公司事

故调查研究组证明，使用安全坐垫可将危险降低60%。

误区：家长开车送孩子上学到学校时，小朋友急急忙忙地开了车门就往校门冲。

解读：小朋友力气小，车门开启时如果推不到定位，会造成车门微微回弹，这有可能夹伤小朋友的手指。此外，车门另一侧的路况，坐在驾驶座上的父母可能看不清楚。建议年轻的父母最好亲自下车给孩子开、关车门。

误区：父母将孩子置于副驾驶位置，以便家长边开车边照看孩子。

解读：让小孩坐在副驾驶位置是不明智的选择。有的车具有双气囊，一旦发生危险气囊弹开，挡在人与车体之间，使人免受伤害。但由于孩子较矮小，气囊弹开的位置往往会在孩子的头顶，非但保护不了孩子，反而会造成伤害。

12岁以下儿童必须坐在后排。

误区：有的父母在开车过程中临时离开，就把孩子留在车里。

解读：把孩子独自留在车内，如果汽车没有熄火，顽皮的孩子在好奇心的驱使下，会有拨弄汽车设备的可能，极易产生重大危险，同时，如果汽车停在相对闭塞的空间，车内二氧化碳浓度升高会造成中毒事故；汽车熄火，把孩子独自留在车内，也容易造成孩子被冻伤或中暑等。所以，如果家长需要暂时离开汽车一段时间，请将孩子带在身边。

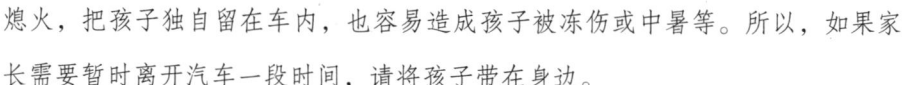

误区：家长为了不让孩子纠缠自己，也为了全神贯注地开车，便让孩子在后排座椅独自玩耍。

解读：车子在行驶时，孩子肯定会随之东倒西歪，如果撞到车内硬物的话，那么肯定会受伤。此外，从设计上来说，后方行李厢在遇到撞击时，需要起到承受撞击力的作用。所以，把孩子放在那里游戏实在极不安全。

误区：一些家长为自己的孩子选购了汽车儿童坐椅后，却没有留意安装的位置是否正确。

解读：汽车儿童坐椅更应该安装在汽车后座。现在美国各州普遍建议儿童最安全的位置是汽车的后排。其中，婴儿专用的汽车安全坐椅必须放在后座上，且让婴儿面向后。而且在孩子的成长过程中，建议家长至少购买两个不同种类的汽车安全坐椅。

误区：家长把天窗或者车窗打开，让孩子探出头去看窗外的风景。

解读：有报道说，一位车主停车后让小孩把头伸出天窗玩耍。结果，引擎熄火后天窗自动关闭，夹伤了小孩的头部。这样的事故虽然很少发生，但也提醒家长要保持警惕。专家建议驾车的家长开启天窗或者车窗时，一定要照顾好自己的孩子。孩子有时淘气，不知深浅，需要您时时叮嘱，时时保护。

误区：乘车时，许多父母习惯把幼小的孩子抱在怀中。

解读：因为孩子坐得比较低，头部刚好位于家长的胸部，如果发生猛烈碰撞，家长的胸部会自然向下压，猛烈压住孩子的头颈，对孩子造成极大的损伤。此外，当汽车以每小时40千米的速度行驶时突然紧急刹车，在惯性的作用下，5.5千克重的婴儿会变成110千克。此时家长根本无力保护怀中的孩子。

误区：不少家长喜欢给年幼的孩子绑上成人专用的安全带。

解读：一般来说，汽车坐椅和安全带是专为成人设计的，不适合儿童体型。孩子使用成人的安全带，如果绑得太紧，在车祸时可能会造成致命的腰部挤伤或脖子、脸部压伤。如果绑得太松，发生车辆碰撞，儿童又可能会从安全带和坐椅之间的空当飞出去。

专家建议家长使用儿童安全坐椅。

误区：很多人把行车途中作为与孩子交流沟通的最好时机。父母边开车，边与孩子聊天、讲故事，甚至说笑。还有的人把一大堆零食拿出来让孩子吃。

解读：由于将注意力分散在孩子身上，严重影响行车安全。开车时一定要集中注意力，出车前要嘱咐孩子安静；如果孩子有事情求助您，最好是找到合适位置按规定停车，然后再处理孩子的事。

误区：家长在自己的爱车内放置了过多装饰品。

解读：车内装饰绝对不能有尖锐的、硬的东西，这样才能保证在发生事故时儿童不会因为撞击到它们而受到伤害。此外，有些情况对成人也许构不成伤害，但可能伤害到婴幼儿。如放置在车前面的香水、装饰物，如果粘附不牢，碰撞中常会向内弹射，其高度往往正好在孩子头部的位置。

带孩子乘坐公交车

乘坐公共车辆，应该遵守公共秩序，讲究社会公德，注意交通安全。

● 等车

在车站候车时，应依次排队，站在道路边或站台上等候，不应拥挤在车行道上，更不准站在道路中间拦车。

● 上车

上车时，应等汽车靠站停稳，先让车上的乘客下完车，再按次序上车，不能争先恐后。

上车后，应主动买票，主动将座位让给老人、病人、残疾人、孕妇或怀抱婴儿的乘客。

乘坐公交车时一定要抓紧扶手，或稳坐在座位上。

● 下车

待公交车停下后，先留意后方是否有摩托车或自行车向自己驶来，再按顺序下车。下车时注意，不要让长裙、项链、背包带等勾住车门。

下车时，要依次而行，不要硬推硬挤。

下车后，应随即走上人行道。需要横过车行道的，应从人行道内通过，千万不能在车前车尾急穿，这样很不安全。

3. 熟知交通规则

交通规则摘要

（1）骑自行车应走右侧顺行自行车道。

（2）过马路应走人行道（或天桥、地下通道）；遇红灯止步，见绿灯观望后前行。

（3）乘坐公共汽车应先下后上，勿争先恐后，勿推挤抢位。

（4）车辆、行人各行其道，按交通规则行路。

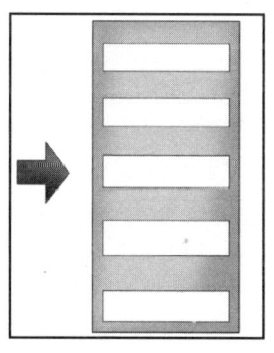

（5）在人行道内行走，没有人行道的地方靠路边行走。

（6）通过没有交通信号控制的路口时，在人行横道上，须注意车辆，不准追逐、猛跑。

（7）不准翻越、倚坐人行道、车行道和铁路道口的护栏。

（8）不准在道路上扒车、追车、强行拦车和抛物击车。

（9）学龄前儿童在街道或公路上行走，须有成年人带领。

了解交通信号

上学、去补习班、全家人一同外出时,我们会看到很多交通信号。交通信号好比司机与行人之间保障安全的约定,但因为不遵守交通信号而发生的交通事故从未间断过。让我们与孩子一同来了解交通信号的意义,并约定一起遵守吧!

● 行人的交通信号

绿灯:请前行。

示意:请过斑马线。

红灯:请止步。

示意:不要穿越斑马线。

黄灯:信号将变,请等待。

示意:此时如果处于马路中间,要在观察周围情况后,迅速穿过马路。如果还在路边等待,请继续耐心等待下一个信号。

● 驾驶者的交通信号

绿灯:请前行。

示意:车辆可经过。

红灯:请止步。

示意:车辆停止。

黄灯:信号将变,请等待。

示意:驶过白线的车辆迅速驶过,还没驶过白线的车停下,等待下一个信号。

认识交通指示牌

交通安全指示与交通信号一样,能让司机与行人既保护自己又不损害到别人。如果大家一起来遵守,就会大大减少交通事故的发生!

中国的交通安全标志分为主标志和辅助标志两大类。

● 主标志

主标志按其含义可分为4种。

（1）警告标志。警告标志共23种，是警告车辆、行人注意危险地点的标志，它们的形状为等边三角形，标志为黄底、黑边、黑图案。

（2）禁令标志。禁令标志共35种，是禁止或限制车辆、行人交通行为的标志。它们的形状分为圆形和等边三角形，除个别标志外，多为白底、红圈、

图一：警告标志

图二：禁令标志

图三：指示标志

图四：指路标志

红杠、黑图案、图案压杠。

（3）指示标志。指示标志共17种，是指示车辆、行人行进的标志。它们的形状分为圆形、长方形和正方形，颜色为蓝底、白图案。

（4）指路标志。指路标志共20种，是传递道路方向、地点、距离等信息的标志。它们的形状，除地点识别标志外，为长方形和正方形；除里程碑、百米桩和公路界碑外，一般道路为蓝底、白图案，高速公路为绿底、白图案。

● 辅助标志

辅助标志共5种，是附设在主标志下，起辅助说明作用的标志。这种标志

五种辅助标志

不能单独设立和使用。辅助标志按其用途又分为表示时间、表示车辆种类、表示区域距离、表示警告和禁令理由的辅助标志以及组合辅助标志等几种。其形状为长方形，其颜色为白底、黑字、黑边框。此外，还有一种可变交通信息标志，它根据道路检测到的情况（如占道施工、阻塞、流量、流向的变化、气候状况等），把某种信息及时显示出米，传达给车辆驾驶人员和行人。

熟悉机动车方向指示灯

机动车在拐弯之前会事先打指示灯示意。家长可在车辆打指示灯时，与孩子一起确认车辆要转弯的方向，并对孩子进行详细说明。

图一：向左转

图二：向右转

图三：向后倒车

图四：停止

4.非机动车安全

从保证交通安全出发，《中华人民共和国道路交通管理条例》明文规定，未满12岁的儿童不准在道路上骑自行车。而当你已经达到法定的骑车年龄，准备骑车时，则必须认真地学一学有关骑自行车的规定，要掌握骑自行车的基本要领。

首先应该保证自行车机件完好，安全设施齐全，牌、证齐全。出发之前，应该先检查一下铃、锁、刹车、车轮、脚蹬、链条、撑脚、坐垫等是否完好有效。

学骑自行车时，应选择人车稀少的道路或广场、操场。禁止在交通繁忙地段学骑自行车。

孩子自己骑车的安全要求

当你已经掌握了骑车技术，可以单独骑车时，你还应该掌握以下几条骑车规范：

（1）要经常检修自行车，保证车辆完好。车闸、车铃的灵敏、正常，尤其重要。

（2）自行车的车型大小要合适，不要骑儿童玩具车上街，也不要小人骑大车。

（3）不要在马路上学骑自行车；未满12岁的儿童，不要骑自行车上街。

（4）骑自行车要在非机动车道上靠右边行进，不逆行；转弯时不抢行猛拐，要提前减慢速度，看清四周情况，以明确的手势示意后再转弯。

（5）经过交叉路口，要减速慢行，注意来往的行人、车辆；不闯红灯，遇到红灯要停车等候，待绿灯亮了再继续前行。

（6）骑车时不要双手撒把，不多人并骑，不互相攀扶，不互相追逐、打闹。

（7）骑车时不攀扶机动车辆，不载过重的东西，不骑车带人，不在骑车时戴耳机。

（8）学习、掌握基本的交通规则。

骑车带着孩子时的安全要求

父母用自行车坐椅带孩子的时候应格外注意以下规则。

（1）选择有头部保护装置、手扶装置和安全带的儿童坐椅。尤其是，给孩子戴个头盔很重要，因为孩子的头骨还很脆弱，一旦发生意外情况，头盔可以帮助避免难以预计的危险因素。

（2）上路前，最好先把重物装在后面练习一下，练习时要选择车少的开阔路段，等掌握了带重物的技巧和有信心掌握平衡以后再开始骑车带孩子。

（3）骑自行车的时候不能带未满1岁或体重超过18千克的孩子。

（4）不要把孩子单独留在自行车幼儿坐椅上，也不要当孩子还在坐椅上的时候就将车子支在某处。许多孩子就是因为从支立着的自行车上摔下来而导致受伤的。

（5）注意遵守交通规则，尽量在安全、不拥挤的自行车道上骑车。

（6）尽量不要在天黑以后带着孩子骑车。

在雨雪天气骑自行车怎样注意安全

在雨雪天气里骑自行车，还应该注意以下几点。

(1) 骑车途中遇到下雨,不要为了免遭雨淋而埋头猛骑。

(2) 雨天骑车,最好穿雨衣、雨披,不要一手撑伞,一手扶车把骑行。

(3) 雪天骑车,自行车轮胎不要充气太足,这样可以增加与地面摩擦,不易滑倒。

(4) 雪天骑车,应与前面的车辆、行人保持较大的距离。

(5) 雪天骑车、要选择无冰冻、雪层浅的平坦路面,不要猛捏车闸,不要急拐弯,拐弯的角度也应尽量大些。

(6) 雨雪天气,道路泥泞湿滑,骑车时精力更要集中,随时准备应付突发情况,骑行的速度要比正常天气时慢些才好。

5.交通安全检查与应急措施

交通安全检查清单

到现在为止,我们已经了解了交通安全。以下问题中,选择"是"的占0~1代表交通安全意识很淡薄,2~5代表还需要做些努力,6以上代表很遵守交通安全。请跟孩子们一同自我检验吧!

问题	是	不是
过马路时是否遵守五原则?		
乘坐汽车时是否系安全带?		
是否在汽车内打闹?		
是否了解系安全带的正确方式?		
汽车门开关时,是否会小心不让门夹到手指?		
上下公交车时,是否左右观察有无摩托车和自行车经过?		

续表

下雨时,撑伞骑车的方式是正确的吗?		
是否完全了解交通安全标志代表的意思?		
是否严格遵守交通标志?		
是否正确理解汽车方向指示灯的意思?		

这些交通安全知识,你知道吗?

(1) 在道路上骑车或走路时,不要边走边听音乐。

(2) 乘坐轿车时,安全系数最高的座位是驾驶员身后的位置。

(3) 下车时从车的右侧下车是最安全的。

(4) 不要在街头巷口玩耍,不要在街头玩足球或是猛跑;不要在道路上玩耍、放风筝、溜旱冰。

(5) 不要在车后、车下、车前捉迷藏,有的驾驶员无法观察到车下的情况,如果没有及时发现有孩子在车下玩耍,就容易发生危险。

(6) 不要从在静止的车辆当中突然窜出,如果此时车道上有车驶来,驾驶员很难及时采取措施。

(7) 要注意右转弯的机动车。有时车辆右转弯,驾驶员没有注意到便道处有行人要过马路,如果这时候儿童盲目地过马路,就容易发生危险。

(8) 未满12周岁的儿童不能在道路上骑自行车。

（9）发生交通事故要拨打110报警，120救护，这些号码一定要记住。

（10）发生交通事故不要私了，要通知相关部门解决。

（11）外出要走人行道，没有人行道的地方要靠边行走。

（12）过人行横道时要注意来往车辆，先向左看，再向右看。

（13）从设有信号灯的人行横道过马路，要在绿灯亮时快速通过人行横道。在设有人行过街天桥、地下通道的地方过马路要走人行过街天桥、地下通道。

（14）乘公共汽车要排队候车，先下后上，按顺序上车，不要拥挤。

应急措施

● 发生撞车时的应急措施

如果撞车已不可避免，作为司机应保持冷静，掌握好方向盘尽可能将自己及他人所受伤害降至最低限度。为了减速，可以冲向能够阻挡的障碍物。较软的篱笆比墙要好，灌木丛比参天大树要好，它们可以使你逐渐减速直至停车。撞墙和树很可能是致命的，尽管它们可以使你猛然停车。

安全带将阻止你在紧急刹车时冲向挡风玻璃。没系安全带最好不要试图硬撑着去对抗冲撞，这可能比顺其自然受伤更严重。在倒向冲撞点的瞬间应尽量早地远离方向盘，双臂夹胸，手抱头。

经验证明，副驾驶座位是最危险的座位，如果坐在该处的话，首先要抱住头部躺在座位上，或者双手握拳，用手腕护住前额，同时屈身抬膝护住腹部和胸部。

坐在后座的人最好的防护办法就是迅速向前伸出一只脚，顶在前面坐椅的背面，并在胸前屈肘，双手张开，保护头面部，背部后挺，压在坐椅上。

即使没有时间，平时也要准备好车祸时应迅速用双手用力向前推扶手或椅背，两脚一前一后用力向前蹬，这样，撞击力消耗，缓冲身体前冲的速度，从而减轻受伤害的程度。

相撞时切忌喊叫，应该紧闭嘴唇，咬紧牙齿，以免相撞时咬坏舌头。

汽车相撞发生火灾的可能性极大，所以撞击一停止，所有人要尽快设法离开汽车。

专家提示

发生事故时跳车的技巧

除非车辆即将冲出悬崖，留在车上必死无疑，否则不要随便试图从疾驶的车辆中跳下。跳车前要做好必要的准备：解开安全带，打开车门，身体抱成团——头部紧贴胸前，脚膝并紧，肘部紧贴于胸侧，双手捂住耳部，腰部弯曲，从车上滚出。可以顺势滚动，不要与地面硬抗。

● 孩子遇到了交通事故，该怎么办？

▶ 轻伤时

（1）就算表面看起来伤势再轻，也一定要去医院接受检查。先让经历过交通事故的孩子的心情稳定下来，询问清楚具体伤在哪里、疼痛程度怎样，以了解状况。

（2）交通事故一定要向警察申报。

（3）拨打110、120求助。

▶ 受重伤昏迷时

（1）孩子受伤昏迷时，用力摇晃或者抱起孩子都是很危险的，此刻最重要的就是先拨打120再拨打110。

（2）先让孩子平躺在地面上，确认其有无呼吸。

（3）如没有呼吸的话，先让孩子的气管通畅，之后实施人工呼吸或心肺复苏术。

第二章 食品安全

◆**急性食品中毒案例**：2010年4月19日上午，陕西省汉中市勉县新街子镇王家坪小学部分学生在饮用了早餐牛奶后，出现胃部疼痛、呕吐等症状，立即被送往当地医院进行治疗。随后附近几所学校的多名学生也出现类似症状到医院治疗。与此同时，在陕西省安康市旬阳县城关二中、二小等学校，也有近百名学生在饮用早餐牛奶后出现食物中毒症状，其中有20多人进行了输液治疗。据了解，这两地学校的早餐牛奶都是由陕西省宝鸡市一家公司配送的。事故发生后，当地质监、工商部门已成立调查组，封存剩余牛奶并进行进一步调查。因为抢救及时，这些中毒的学生最后都脱离了危险。

◆**慢性食物危害案例**：8岁的男孩明明（化名）从小就特别喜欢洋快餐，汉堡、鸡翅、薯条、冰淇淋等等都是明明的最爱。明明现在每周至少要拉着父母去吃两次"洋快餐"，体重一天天增加，家长心里暗自高兴："当时以为孩子身体长得好，觉得健康。"可是，明明长到了45千克多，学校组织体检时发现明明血糖偏高，医院诊断其为糖尿病。

说起食品安全，通常会提到食物中毒、食物过敏、食品卫生、食品添加剂、异位性皮肤炎等，因为这些问题在孩子们的身上正愈演愈烈；儿童患异位性皮肤炎和肥胖疾病的数量逐渐增多；由于过多摄取含添加剂的加工食品而患上精神涣散、注意力不集中、多动症等病症的儿童也越来越多。

在注意食品中毒的同时也应当警惕日常饮食不当对孩子造成的危害。上述第二个案例中的情况在许多家庭中都存在。孩子们一看到洋快餐店总是希望立即钻进去。但常让孩子进这些快餐店就餐,问题就来了。洋快餐以油炸煎烤为主,经测算,一份肯德基儿童套餐脂肪提供的能量占总能量的50%,而维生素的含量不足脂肪量的10%。而科学的营养标准是:食物热量的58%来自碳水化合物,30%来自脂肪,12%来自蛋白质。按照这个标准,以汉堡包为主的洋快餐则正好与之相反,具有"三高"——高热量、高脂肪、高蛋白;"三低"——低矿物质、低维生素、低纤维的特点……事实上,不仅仅是洋快餐,很多食品都是儿童健康的"杀手",家长需要掌握必要的食品安全。洋快餐"三高"与"三低"的营养结构问题只是儿童食品安全问题的冰山一角。

有句俗语,叫"病从口入",讲的就是健康安全必须从食品控制抓起。在如今大环境下,我们要如何保障孩子的食品安全呢?这是摆在全社会面前最为迫切的问题,因为食品安全是儿童健康成长的基础。

1.食物中毒

什么是食物中毒?

食物中毒是指食用了被污染的食品所诱发的疾病,常见症状有呕吐、腹泻、腹痛、发热、头疼等,食物中毒全年都有可能发病,在高温、潮湿的夏季则更为常见。

食物中毒的原因

因细菌感染或病毒感染而发病的情况居多,不过也有不少人是因过敏而导致中毒的。

● 细菌性食物中毒

人体摄取被有害细菌污染的食物后,有害细菌所制造的毒性便会侵入人的肠胃,使人在进食后的8~12小时内产生腹痛、腹泻等症状,一般会在24小时内有所缓解。

● 化学物质导致的食物中毒

大多是由于摄取食品中的调味料、防腐剂等添加剂引起的，症状会在几小时内消失，不需要做特别治疗。

● 有毒食品导致的食物中毒

部分鱼类中含有可导致食物中毒的多种毒素，食用这类鱼肉后会引发食物中毒。除此之外，蘑菇、草药中也有一部分是有毒的，务必弄清楚后再食用。

可能引起中毒的食物

（1）被农药污染的蔬菜。菜农为了蔬菜长得快长得好，使用高浓度农药喷洒蔬菜而且提早上市。

（2）没有煮熟外表呈青色的菜豆和四季豆，含有皂甙和胰蛋白酶抑制物，可使人体中毒。

（3）发芽的马铃薯和青色番茄均含有龙葵碱毒性物质，食用后会发生头晕、呕吐、流涎等中毒症状。

（4）用化肥催生的豆芽，因化肥都是含氮类化合物，在细菌作用下可转变为一种致癌物叫亚硝胺。长期食入可使人患胃癌、食道癌、肝癌等疾病。

（5）鲜黄花菜（也叫金针菜）含有秋水仙碱，当进食多量未经煮泡去水或急炒加热不彻底的鲜黄花菜后会出现急性胃肠炎症状。

（6）蚕豆。有的人吃蚕豆后会得溶血性黄疸、贫血，称为蚕豆病（又称胡豆黄）。

（7）鲜木耳。其中含有一种啉类光感物质，它对光线敏感，食用后经太阳照射可引起日光性皮炎。

食物中毒的症状与治疗

食物中毒的临床症状通常表现为呕吐、腹泻、腹痛、高烧、冷汗、血压下降等，此时最重要的是尽量减少体力消耗，要确保全身温暖，尤其是腹部与手脚，以减轻疼痛。

毒性物质一定要排出体外，因此在出现呕吐或腹泻时，靠药力抑制不是好办法，一定要遵照医嘱用药。

频繁的腹泻会导致身体脱水，所以频繁但每次少量地补充水分是正确的做法，但不要喝果汁和碳酸饮料。

发病第一天不要吃饭，可少量摄取水分、维他命和盐，之后随着病情好转，可以食用少量稀饭类的碳水化合物，浓度和摄取量酌情逐渐增加。

2. 食物过敏

什么是食物过敏？

在食用某种食品时，身体出现异常反应，我们称之为"食物过敏"。

8%的婴幼儿都会出现食物过敏的症状，过敏反应出现之后身体会越来越敏感，如果持续摄入导致过敏的食物，孩子可能会成为无法治愈的过敏症患者，我们一定要正确了解食物过敏并采取充分的事前预防措施。

引起过敏的多为富含蛋白质的食品，比如牛奶、鸡蛋、豆类等。食物过敏的潜伏期为1~7天，如果置之不理，可能会加重病情，甚至危及生命，一定要特别留意。

有的国家（如韩国）已经开始对牛奶、荞麦粉、蛋类、花生、面、大豆等11个品种注明可能导致过敏的标记，这样人们在购买时就会有所参考，中国目前还不具备这种条件，所以建议父母们主动了解这些知识，为孩子们的食品安全建立一道防护墙。

可能导致过敏的食物

● 牛奶

虽说奶粉和母乳差不多，但毕竟成分不同，第一次让孩子喝时，需要特别留心。如果出现牛奶过敏，那不仅牛奶，其他乳制品和牛肉也不要食用。待症状好转，向医生咨询后，可首先尝试牛肉，确认没有特殊反应，再尝试乳制品，仍旧没有异常反应后，才可尝试牛奶。

引起牛奶过敏的过敏源很多，应该忌口的食品包括：牛奶、咖啡、奶酪、

奶油、人造奶油、酸奶、含有牛奶的浓汤、巧克力、曲奇、饼干、各种蛋糕、冰淇淋、火腿、牛奶可可、香肠等。

● 鸡蛋

如果对鸡蛋有过敏反应，那不仅是鸡蛋，在摄取任何与鸡蛋有关的食品时都要更加小心。当病症好转，遵照医嘱可以食用鸡蛋时，尽量从引发过敏可能性较小的鸡肉开始食用，并注意观察情况。

防止鸡蛋类食品过敏，应该忌口的有：鸡蛋、鹌鹑蛋、鸡肉、鸡蛋制品、含有鸡蛋原料的饼干、炸肉饼、快餐食品等。

● 豆类

除大豆之外，其他与豆类相关的所有食品都可能导致过敏，应该尽量避免食用。另外，最需要注意的是食用油和调味料。豆类过敏大部分原因是由于蛋白质过敏，应该从低蛋白的食物开始试着食用。

防止豆类过敏环节上，应该忌口的食品包括：各种豆类、含豆类加工的食用油、豆腐、油豆腐、豆乳、大酱（黄豆粉加面粉一起发酵而成的酱料）、清酱油、快餐食品、油炸饼干类、花生酱、巧克力、牛奶、可可等。

食物过敏的诊断与预防

（1）可通过食品引发疾病实验（可信赖度最强）、家族病史调查、血清检查、皮肤反应检查等，诊断食物过敏。

（2）由于肉类、肉类加工制品（火腿、香肠、牛奶、鸡蛋等）、油腻食品，特别是含糖量很高的冰淇淋、面包、饼干等加工食品，还有快餐品等的过敏反应可能致命，一定要尽可能避免。

（3）愉快的心情、良好的休息、健康的饮食生活、优质水源和洁净空气，是治疗过敏症最好的方法。

（4）一旦确定了引起过敏的食品，那么至少在日后的2~3年内，把它们排除在孩子的食物清单之外。

（5）新生儿应该尽量用母乳喂养。因为母乳中含有的免疫球蛋白A，可以减少导致过敏的物质在肠胃中的吸收，在人体内建立坚固的免疫系统。

（6）食品过敏大部分好得很快。通常未满1岁婴儿常患的牛奶、鸡蛋、豆类过敏，到了3岁左右，85%的儿童会自然痊愈。所以，只要在相应时间段内尽量避免食用这些食物即可。

3.保证食品卫生

父母可以从以下三个方面着手，保证食品卫生。

食品储存

食品一定要冷藏或冷冻收藏：生的食材要放在冰箱冷冻室，熟的食材放在冰箱冷藏室。

热的食物放入冰箱中，会使冰箱内温度升高，导致周围其他食物变质，所以一定要将食物放凉后再放入冰箱。

冰箱内部也会有细菌繁殖，所以不要长时间冷藏食物。

食物在冷冻状态下，保存的时间可以延长，所以冷冻食品的保存期限往往长于常温食品。

若要保持冷冻食品的新鲜度，应在购买当时将原食品包装拆掉，放在自备的冷冻食品专用容器中。另外，将包装中空气挤出，用绳子封住袋口，盖上盖子，贴上购买日期也是不错的方法。

冰箱温度的设置也很重要，冷藏室的温度应保持在4℃以下，冷冻室的温度为0℃以下。

● 肉类

肉类食品应该放在冰箱的冷冻室中保存，并且注意不要让肉中的水或肉汤滴到其他食物上。

肉类放在有盖的密闭容器中更好，于冷藏的状态下应在2～3天内食用，即便是冷冻，也一定要确认保存期限。

● 剩饭菜

饭菜如果有剩余,应该尽快放入冰箱,缩短在常温下的存放时间,以减慢菜中细菌生长繁殖的速度。剩饭菜下顿食用前必须经过加热回烧,因为有些致病细菌虽然不会导致食物变质,却能致人生病。食品需要充分加热后,才可杀灭食品中大部分的微生物。

但反复加热的食物不仅卫生难以保障,营养也有所损耗,所以要尽量避免。

食物清洁

● 厨房清洁

(1) 使用过后的餐具在用洗涤剂和热水洗涤后,最好再用清水彻底冲洗。经常将餐具放入开水中煮是安全又便捷的消毒方法。

(2) 洗净后的餐具放在空气中自然风干,比用抹布擦干更卫生,因为抹布非常容易滋生细菌。

(3) 抹布要经常更换和清洗。开水煮抹布是消毒抹布的好方法。如果还是担心卫生问题,可以使用一次性厨房纸巾代替抹布。

(4) 食物残渣会滋生病原菌,不干净的冰箱也会有细菌繁殖,所以应该随时清洁冰箱内部。

● 蔬果清洁

(1) 清水浸泡法:蔬菜上沾染的农药主要为有机磷类杀虫剂,一般先用水洗掉表面污物,然后用清水浸泡30分钟,如此反复清洗浸泡2~3次,基本上可清除绝大部分残留农药。

(2) 碱水浸泡法:先将蔬果表面污物冲洗干净,浸泡到碱水中(一般500毫升水中加入碱面5~10克)5~15分钟,然后用清水冲洗,重复3~5遍。

(3) 储存法:蔬菜上的残留农药随着时间的推移,能够缓慢地分解。冬瓜、南瓜等不易腐烂的蔬菜可以先存放一周再食用。

(4) 焯水法:有些蔬菜瓜果可通过用热水焯去除部分残留农药。比如芹菜、菠菜、青椒、菜花、豆角等，可先用清水将表面污物洗净，再放入沸水2~5分钟焯水后捞出，然后用清水洗一两遍。

● 人的清洁

（1）外出回家后，将脸、手清洗干净。

（2）不要使用没有彻底消毒的免洗毛巾。

（3）做饭前，用流水将手清洗干净。

（4）就餐前先洗净双手。

食品购买

购买食品要注意食品的保质期，它是从生产日期算起的。生产日期是指这种产品完成全部生产（加工）过程（程序）可用于销售的标准日期。

在购买食品时我们会发现，在食品的包装上或标签上除了印有食品名称、配料、制造者、经营者等项目外，还有一项相当重要的内容就是食品的保质期或保存期。为了增强健康卫生自我保护意识，应当了解食品的保质期或保存期的含义。

保质期是食品的最佳食用期，而保存期是推荐的最终食用期。保质期或保存期常与食品的贮藏条件有关，如冷藏贮存、避光保存、阴凉干燥处保存等。消费者在选购食品时还应注意销售商的销售环境是否符合标签上规定的条件。

4.食品添加剂与健康

什么是食品添加剂？

食品添加剂是在制造加工食品时，为了让食品色泽更鲜艳，提升其香气或口味，并防止快速变质而人为加入的物质,人工调味料、漂白剂、色素等都包括在内。

法律对各类食品添加剂的使用剂量有明确规定，但在一些情况下，商家会无视相应规定，甚至使用法律上禁止的添加剂。如果摄入这些食品，可能会导致急性呕吐、胃肠不适、四肢麻痹等症状。即便是一些公认无害的食品添加

剂,如果持续摄入数年,也可能导致慢性中毒。

常见富含添加剂的食品

● 彩色汽水

五颜六色汽水的主要成分是人工合成甜味剂、人工合成香精、人工合成色素、碳酸水,经加充二氧化碳气体制成的。除含一定的热量外,几乎没有什么营养。这里的人工合成甜味剂包括糖精、甜蜜素、安赛蜜和甜味素等。这些物质无法被人体吸收利用,不是人体的营养素,对人体无益,经常食用还对健康有害。

色泽特别鲜艳的汽水里面含有大量的人工合成色素和香精,会给孩子带来潜在伤害,过量色素和香精进入儿童体内后,容易沉积在他们未发育成熟的消化道黏膜上,引起食欲下降和消化不良,干扰体内多种酶的功能,对新陈代谢和体格发育造成不良影响。

此外,一些彩色冰棍、彩色冰激淋等也和彩色汽水一样对儿童的发育有害而无利,建议不要或尽量减少食用。

● 膨化食品

油炸薯条、雪米饼、薯片、虾条等膨化食品很得孩子们的欢心。检测显示,膨化食品虽然口味鲜美,但从成分结构看,属于高油脂、高热量、低纤维的食品。长期大量食用膨化食品会造成油脂、热量吸入高,粗纤维吸入不足。若运动不足,还会造成人体肥胖,因此只能偶尔食之。

儿童经常食用膨化食品,会影响正常饮食,导致多种营养素得不到保障和供给,出现营养不良。膨化食品普遍高盐、高味精,使孩子成年后易得高血压和心血管病。

● 果冻

市场上销售的果冻,绝大多数并不是用水果制成的,而是采用海藻酸钠、琼脂、明胶、卡拉胶等增稠剂,加入少量人工合成的香精、人工着色剂、甜味剂、酸味剂等配制而成。其中的海藻酸钠、琼脂等虽属膳食纤维类,但吸收过多会影响脂肪、蛋白质的吸收,尤其是会使铁、锌等无机盐结合成可溶性或不可溶性混合物，从而影响机体对这些微量元素的吸收和利用。

5.儿童食品消费误区

许多家长为儿童购买营养品，却不重视日常三餐。

儿童生长发育所需要的能量、蛋白质、维生素和矿物质，主要是通过每日三餐获得的。各种"口服液""滋补品"等，其中真正对身体有益的成分仅是微量，有些甚至具有副作用。如果依赖它们作为儿童的营养来源，容忍儿童偏食、厌食，岂不是舍本求末？

在许多家庭，普遍存在着儿童食品消费误区。主要表现如下：

（1）跟着感觉走，盲目追随广告购买食品

儿童具有好奇心，从众心理又比较强，受广告的影响比较大。于是，许多产品靠广告的狂轰滥炸，或是在商品中夹带玩具来诱惑儿童购买。不少产品虽然在包装上赫然写上"营养""健康"等字样，实际上营养组成往往并不平衡。总的来说，多数给儿童吃的零食仅以包装和口感来吸引人，并不是对健康有益的食品。

（2）用乳饮料代替牛奶，用果汁饮料代替水果

目前，家长们受广告的影响，往往用"钙奶""果奶"之类的乳饮料来代替牛奶，用果汁饮料来代替水果给孩子增加营养。殊不知，两者之间有着天壤之别，饮料根本无法代替牛奶和水果带给孩子的营养和健康。

（3）甜饮料代替白开水，让儿童身体器官不堪重负

让儿童用甜饮料解渴，甚至养成餐时必喝饮料的习惯对孩子是极为不利的。

很多家庭在吃饭时必须给孩子一听饮料，家里的冰箱中也放满了各种饮料任孩子享用。甜饮料中含糖量达10%以上，饮后会有饱腹感，妨碍儿童进餐时的食欲。若要解渴，最好的饮料则是白开水，它不仅容易吸收，而且可以帮助身体排除废物，不增加肾脏的负担。

(4) 纵容儿童吃大量巧克力、甜点和冷饮

甜味是人出生后本能喜爱的味道,其他味觉都是后天形成的。如果一味地沉溺于甜味之中,儿童的味觉将发育不良,无法感受天然食物的清淡滋味,甚至影响到大脑的发育。甜食、冷饮中不仅含有大量糖分,而且其出众的口感主要依赖于添加剂。这类食品中维生素、矿物质含量低,会加剧营养不平衡的状况,引起儿童虚胖。

(5) 过分迷信洋食品

从目前有关部门的抽检可以看出,进口的儿童食品也并非百分之百完美。客观地说,如今的国产儿童食品,从质量到包装,已今非昔比,不少已达到出口标准,因而不能迷信于一个"洋"字。

(6) 长期食用"精食"

长期进食精细食物,不仅会因B族维生素摄入过少影响神经系统发育,还有可能因为铬元素缺乏"株连"视力。铬含量不足会使胰岛素的活性减退,调节血糖的能力下降,致使食物中的糖分不能正常代谢而滞留于血液中,导致眼睛屈光度改变,最终造成近视。

儿童的食品消费是要讲科学的。不当饮食会影响正常的生长发育,甚至造成心理和生理疾病。因此,学习相关知识以保护自己的孩子,是为人父母义不容辞的责任。

6. 异位性皮肤炎

异位性皮肤炎是基于多种复杂原因而产生的疾病,病情顽固,易反复。虽然到目前为止还没有找出其发病的确切原因,但可以肯定的是,异位性皮肤炎是一种遗传性过敏疾病。

如果父母中有一人患上异位性皮肤炎,遗传给孩子的概率为50%;两人均患此病的话,遗传概率为75%。而这一病患又与食品有关系,因此,家长应当格外重视。

异位性皮肤炎的致病原因及症状

虽然不知道发生异位性皮肤炎的确切原因,但吸烟、压力、西化的饮食等,都会增加该病的发病概率。异位性皮肤炎的症状随年龄不同而不同,出现的位置也会有所变化。

出生2~3个月的婴儿通常会出现湿疹,到了青春期、成人之前,多在手、颈、脸等暴露在外面的部位发病,并伴有色素沉淀现象。

异位性皮肤炎会随着年龄增长逐渐好转,所以有人觉得既然用药不是好事,况且症状以后会改善,于是干脆不治疗,致使病情出现恶化,皮肤变厚,色素沉淀严重。

异位性皮肤炎在各年龄的症状表现各不相同:

● 婴儿期(未满1岁)

多在脸颊、头皮、胳膊、腿等部位出现皮肤炎症状。

为急性到亚急性皮肤炎状态(湿疹)。

● 少儿期(1岁到青春期之前)

多在肘关节内侧与膝盖后方出现皮肤炎症状。

为急性到亚急性皮肤炎状态(干疹)。

● 成人期(青春期以后)

皮肤炎症状与少儿期相似,但更严重、更干燥。

异位性皮肤炎与食品的关系

导致异位性皮肤炎恶化的主要原因要归结到食物过敏反应,而婴幼儿相较成人而言,消化功能尚未发育完全,所以发病频率较高。孩子满1周岁后大部分会好转,但因人而异,也不排除有成人发病的情况。

导致异位性皮肤炎恶化的饮食小因人而异,但大多因牛奶、鸡蛋、花生、豆、面、鱼类等食物过敏造成。一旦发现有可能致病的食物,要暂时停止食用,待皮肤炎症状好转后,再一一尝试,无恙后才可加大食用量。

如果对某种特定食品有过敏反应,且该食品会对异位性皮肤炎产生影响,

就永远不吃,这种想法是不正确的。不能因为异位性皮肤炎而放弃追求营养均衡,而是应该找到可代替食品,改变饮食结构,防止营养失衡。

导致异位性皮肤炎的食品

导致异位性皮肤炎的食品主要有鸡蛋、牛奶、肉类、面粉、豆、花生等,因此要特别留意以这些食品为原材料的乳制品、面包、炸物、坚果类等。

● 鸡蛋

鸡蛋是对异位性皮肤炎影响最大的食品,特别是鸡蛋中的蛋白。这是因为蛋白中含有20种以上的蛋白质。高蛋白、高铁含量的鸡蛋是人们偏爱的食品之一,同时也是面包、饼干、曲奇、蛋糕、冷冻食品、加工食品的原材料,所以食用此类食品时均需注意。

忌口食品:

鸡蛋、鹌鹑蛋、面包、冰淇淋、炸物、煎物等。

替代品:

蛋黄、肉类、鱼类、牛奶、豆乳等。

● 牛奶

如果食用牛奶后发生过敏反应,也要观察豆类会不会引起同样反应,然后用高钙豆乳或蛋类食品代替。牛奶能够为人体补充蛋白质、钙、维他命B2(也称成长维他命),因此要多摄取肉类以补充蛋白质,同时摄取多种水果、蔬菜以补充维他命。

忌口食品:

牛奶、低脂牛奶、脱脂牛奶、优酸乳、奶酪、鲜奶油、面包、巧克力等。

替代品:

豆乳、米制饮料等。

● 豆类

豆类中也含有丰富的蛋白质和铁,特别是东方人的饮食离不开酱油,所以在饮食上需要特别注意。豆类在发酵的过程中,会使导致过敏的蛋白质发生变性，因此即使对豆类过敏的人，吃到豆类发酵的食品也不一定会出现过敏反应。

忌口食品：

四季豆、豌豆、黑豆等所有豆类，豆芽、豆腐、豆乳、清曲酱、酱油、烘焙粉、豆油。

替代品：

鸡蛋、鱼、肉、牛奶等。

● 猪肉

猪肉与鸡蛋一样，是富含蛋白质与铁的食品。

忌口食品：

猪肉、香肠、汉堡等。

替代品：

鸡肉、牛肉、鸡蛋等。

● 面粉

富含碳水化合物的面粉类食品，在中国北方很受欢迎，例如馒头、面条等。主食也好零食也罢，人们对面粉类食品的摄取机会不少。如果对面粉类食品有过敏反应，可以用其他谷类食品代替。

忌口食品：

面粉类、食用淀粉、饼干、面包、面条等。

替代品：

大米、大麦、玉米、马铃薯、红薯等。

怎样选购食品才能避免过敏

● 明了原材料

以观察原材料入手进行比较，获得自己所需要的食品。

比起快速加工食品，保持新鲜原材料味道与营养价值的天然食品是更好的选择。因为加工食品可能由于成分问题，造成意外的过敏。

● 确认食品成分标识

购买食品时一定要阅读食品成分标识，确认加工食品中是否含有忌口的成分。还有，应该尽量避免购买成分标注不够清晰的产品。

● 小心交叉污染

将忌口食品装入容器时，注意不要与其他食品混合。

● 检验营养状态

做饮食日记——记录每天摄取的食物，并经常检验是否有营养失衡的搭配，做到营养摄取均衡。同时通过饮食日记，还可以了解异位性皮肤炎的变化与特定食品的关系。

异位性皮肤炎的治疗

异位性皮肤炎的症状会随着年龄增长逐渐减轻，中年以后鲜有发病（据统计，到30岁为止，80%的患者会恢复正常）。不要期待有一次就治愈的良药，请仔细阅读下列注意事项，逐一进行实践，才是最重要的。同时也请父母多给予孩子关心，让孩子在每次症状恶化时都能得到及时可行的治疗。

（1）淋浴时，使用清爽型香皂，用温水冲洗，一天一次。皮肤表面如果滋生细菌，会让异位性皮肤炎恶化，所以既要避免过度洗澡，同时也要保持皮肤表面清洁。

（2）淋浴后，用毛巾轻轻拍打，使水分蒸发，并于3分钟之内在患处涂抹医用软膏，然后在身体其他部位涂抹保湿乳液。

（3）使用洗澡巾会搓掉刚刚生出的皮肤防护膜，导致皮肤炎恶化，所以不要让孩子做桑拿和温泉浴。

（4）新衣服在穿之前一定要先洗涤。应尽量选择棉质服装，避免穿过于紧身的衣服。

（5）避免温度变化过快，维持好室内温度和湿度。冬季与换季期空气湿度往往偏低，可使用加湿器防止干燥。

（6）紧张情绪亦可能导致皮肤炎恶化，要时刻保持放松的心态。处于考试期的学生们，皮肤炎常因紧张情绪而恶化。

（7）猫狗的毛发、室内灰尘、螨虫都会导致皮肤炎恶化，因此要保持室内整洁。室内地毯、窗帘、床垫是灰尘和螨虫的栖息地，应经常清洁消毒。不要在房间内放置附有羽毛的物品，避免使用羽毛被或枕头。

（8）尽可能在孩子出生的6个月之内采用母乳喂养孩子。

（9）遇到身体皮肤发痒，用手去挠的话，反而会使病情恶化，可以尝试剪短指甲、睡觉时戴上手套等方法。

7.食品安全检查与应急措施

食品安全检查清单

到现在为止，我们已经了解了食品安全。让我们来按照如下事项一同检验，改善没有做到的地方。

问题	是	不是
抚摸过宠物的手是否会直接拿东西吃？		
是否会将水果和蔬菜放在流水下充分洗净再食用？		
是否吃超过保存期限的食物？		
喝粥或喝汤时，是否使用自己的小碗？		
洗手时是否使用洗手液，且用流水冲洗？		
是否用手指直接接触食物？		
是否会用拿过生鸡蛋的手碰触其他食物？		
摸过生肉和生鱼的手是否会碰触其他食物？		

续表

是否会将浸过水的抹布和砧板放在阳光下晒干再使用？		
是否时刻令水池，保持清洁？		
是否将肉类及海鲜类食品放到冰箱冷藏室贮存？		
吃剩的食物放凉后，是否会放入冰箱保存？		

食物过敏反应检查清单

检验如下事项，确认是否为食物过敏。

症状	有	无
嘴巴和喉咙瘙痒		
皮肤红肿、出现疹子，而且奇痒无比		
流鼻涕、眼泪，经常揉眼睛		
打喷嚏、咳嗽，但不发热		
打鼾、呼吸困难，有哮喘症状		
经常放屁，肠胃不适		
喉咙和舌头红肿		

食品安全问答

请认真阅读如下关于食品安全的问题和答案，并牢记。

问题1：容易滋生细菌的食品有什么？

答：鸡肉、海鲜、鸡蛋、瘦肉等富含蛋白质及营养的食品，容易滋生细菌。如要避免食物中毒，就要了解选购和保存食品的正确方法，低温保存，高温加热，以防止细菌繁殖。另外，食品烹饪后马上食用是最安全的。

问题2：解冻过一次的食品不能再冷冻，为什么？

答：冷冻食品被解冻后，应该一次食用完，如再次冷冻，不仅难以保证其新鲜度，从卫生角度来讲也不健康。要解决此问题，应该在每次冷冻之前，把食物分成刚好够一次食用完的分量，分开放入冷冻室。或者，将解冻的食品烹饪好后，置于器皿中再冷冻保存。

孩子发生食物中毒时的应急措施

（1）如有呕吐，要防止其气管堵塞，擦干呕吐物后，让孩子侧卧。

（2）确认孩子有无意识，送往医院，交由医生诊断。

（3）孩子吃过的食物如有剩余，要放入冰箱，若有当初买食物的收据要保管好，原本的包装也要留着，最好将呕吐物也适当保存，以便化验。

（4）诊断结果出来后，及时对症治疗。

第三章 防火安全

◆**集体宿舍里的火灾**：2002年6月9日晚23时半，云南省昆明市寻甸县羊街镇三元庄村小学发生火灾。大火将住宿在该校同一宿舍内的8名男学生烧死，烧毁总面积约330平方米的教室4间、学生宿舍7间。

2001年5月16日，广州市一所寄宿学校发生火灾，造成8名正在准备高考的学生死亡，25人受伤。这是自1999年发生夏令营火灾并造成19名儿童死亡之后发生的另一起校园火灾惨剧。火灾是因未熄灭的烟头引燃了一间休息室的沙发后引起的，消防部门官员称，这幢建筑里的火警装置和灭火器都不能正常使用，校方和有关方面应对此负责。

1997年5月23日凌晨3时许，云南省富宁县洞波乡中心学校学生侯应香在床上蚊帐内点蜡烛看书，不慎碰倒蜡烛引燃蚊帐和衣物引起火灾。火灾造成21人烧死，2人受伤。

◆**群体活动时的火灾**：1994年12月8日新疆克拉玛依，某学校组织汇报演出时，舞台光柱灯烤燃附近纱幕引发特大火灾事故。火灾造成325人死亡，130人受伤。

◆**家中发生的火灾**：2009年7月8日中午，在浙江温岭打工的贵州民工夏发勇因有事要出去，看到两个孩子正在床上睡觉，就点了一盘蚊香放在床附近的地上，出门后不久房子就起火了，结果造成夏发勇3岁大的女儿夏婷婷和2岁的儿子夏伟伟被大面积烧伤。

 根据国家消防部门统计：2005年～2009年，每年因儿童玩火引发的火灾平均在442起，占火灾总数的6.7%，是造成火灾的主要原因之一。

由于年龄小，孩子们在灾难陡降、生命受到威胁时，身体和心理都显示出明显的应对不足，再加上缺乏基本的消防常识和自防自救能力，在惊慌失措的情况下，很容易失去判断力，造成灾难性的后果。同时，用电不当也是发生火灾的重要原因。从以上青少年遭遇火灾的案例可以看出，孩子们集体生活发生火灾的主要原因是违章用火用电、电气线路老化、人为违反消防安全管理制度和消防安全措施不力所致。校园内一旦发生火灾，不仅会给国家财产造成损失，还会危及到孩子们的生命。

当然，在家中同样也会发生火灾。作为监护人的家长一定要注意看护好儿童，家长首先应当言传身教，以身作则，让孩子从大人的谨慎行为中树立防火观念，懂得基本的防火安全技能。

因此，无论是老师还是家长，都应当跟孩子一起学习防火安全的有关知识，确保孩子们的生命安全。

1.火灾是怎样发生的

充满诱惑的火

火在孩子们的心目中是神秘和充满诱惑的，它曾在寒夜里给卖火柴的小女孩带来温暖和光明，但孩子们却很少想到，这小小的火苗若是看管不严，就会造成极为严重的后果。

火灾是这样发生——

● 用火不慎

如果人们思想麻痹大意，或者用

火安全制度不健全、不落到实处，就易引发火灾。

● 电气火灾

如果违反电器安装使用安全规定，电线老化或超负荷用电就易造成火灾。

● 违章操作

违反安全操作规定等行为也易造成火灾，如违章焊接等。

● 纵火

指蓄意造成火灾的行为。

● 吸烟

乱扔烟头，或卧床吸烟极易引发火灾。

● 玩火

儿童、老年痴呆症患者或智障者使用火柴、玩打火机极易引发火灾。

● 自然原因

雷击、地震、自燃、静电等也会引发火灾。

2. 怎样预防火灾

孩子们要这样做——

● 不玩火

许多孩子对火感到新奇，常常背着老师和家长做玩火的游戏。有的点火烧纸、烧柴草，在野外堆烧废轮胎、废塑料等，还有的在黑暗处划火柴、点燃柴禾棍、燃放烟花炮竹，有的在野外烧马蜂窝……

然而，几乎每一种玩法都具有引起火灾的危险性。孩子们年纪小，缺乏自我保护的能力，所以平时应该做到三点：

（1）充分认识玩火的危害性和可能带来的严重后果，任何时候都不玩火。

（2）打火机、火柴、鞭炮等常常是诱发儿童坑火的物品，平时不要携带。

（3）同学与伙伴间要互相监督、互相提醒。如发现有同学玩火应该立即制止，并报告老师和家长，对他们进行批评教育。

● 爱护消防设备，保持通道畅通

为预防发生重大火灾事故，防患于未然，人们在许多地方设置了消防设备。这些设备一旦被挪用或损坏，遇上火灾，人们就会束手无策。

（1）不要搬动、挪用或损坏消火栓、水枪、水带、灭火器，以及专门用于消防的锹、镐、钩、沙箱、提桶等。

（2）现代化的商场、宾馆、图书馆等公共场所的墙上都安装有红色火警按钮，千万不要随意按动它。

（3）楼梯、过道是发生火灾时人员脱险逃生的通道，也是抢救火场被困人员的必经之路，务必保持其畅通无阻，不要在这些地方存放自行车和堆放杂物。

家长们要这样做——

● 树立防火观念

重视防火教育，并在平时对自己的孩子进行疏散、逃生等训练。

● 学会使用消防报警器

（1）安装烟雾报警器，切记每一楼层至少安装一个烟雾报警器。

（2）安装好了之后，请立刻行动起来做好报警器的测试维护工作。

（3）确认每一个房间里的人都能清楚地听到警报声。

● 拟定逃生计划和进行逃生演练

（1）制订一份有两条路线的逃生计划，并与家人共同实践。

(2) 如有家人不能独立逃脱，请考虑安装家用水喷淋系统。

了解火源，才能控制火灾

哪些物品和行为有引起火灾的可能？

请您与孩子一起在房间中一一寻找可能引发火灾的物品，说明可能会发生的状况，并详细讲解一些行为可能造成的严重后果。

● 天燃气（煤气）

如果主人在天燃气灶点燃的状态下外出或者睡觉，一旦炉子过热，就可能引发火灾。

● 电

如果一个插座上插有过多的插头，会因为温度过高导致短路，最终引起火灾。当插头或插座不符合标准时，插座中的电流或热能也会引发火灾，所以一定要确认插座是否安全。

● 电热毯

在寒冷的冬天里，人们会使用电热毯，很多人会将插头长时间插在插座上，在这种情况下，如果温度调节装置过热或者链接处电阻过高，很容易发生火灾。所以应购买国家检验过的合格产品，并谨慎使用。

● 香烟

点燃的香烟温度高达500℃，吸烟时的温度则高达800℃，因此人们必须做到在指定场所吸烟、完全掐灭烟头再丢弃、酒醉后或睡觉前后不要在床上吸烟等，以免发生意外。还有，驾车时不要将烟头扔出窗外，一旦落入后座或被吹进其他车辆，可能会引发严重火灾并造成交通事故。

● 玩火

一定要告诉孩子，火柴、打火机不是玩具，平时也要注意把这些东西放在孩子们够不到的地方，防止因孩子玩火而引发火灾。

● 放火

由于故意放火而引发的火灾偶有发生，应让孩子明确，这是明显的犯罪行为。

3.火灾发生时的对策

火场逃生不能寄希望于"急中生智"，只有靠平时孩子对消防常识的学习、掌握和储备，危难关头才能应对自如，从容逃离险境。

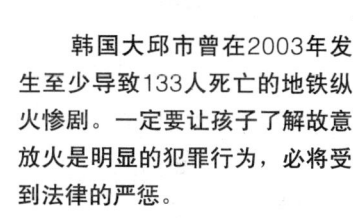

韩国大邱市曾在2003年发生至少导致133人死亡的地铁纵火惨剧。一定要让孩子了解故意放火是明显的犯罪行为，必将受到法律的严惩。

火灾中，致死的第一原因往往不是火焰烧灼，而是不正确的逃生方法，如：慌乱逃生引发的踩踏、烟雾中毒窒息和不加选择地跳楼等，其造成的伤害远比火灾本身更严重。那么，我们该如何逃离火海呢？

孩子们面临火灾的行动要领

● 报警

一旦发现家中着火，小朋友们千万不要慌张，应立即拨打119报警，并打开窗户大喊"着火了"，让大家尽早发现失火。有一点一定要记住，在拨打119时，要详细说明家庭住址，比如位于什么街、什么小区、哪栋楼、几单元几楼几室，以便消防员叔叔能够迅速地到达现场。

火灾发生时的浓烟是会对人体造成严重伤害的毒气,吸入大量浓烟会伤害呼吸道甚至危及生命。因此要用布或者衣服挡住口鼻,或者将湿毛巾掩在鼻子上做浅呼吸。

火灾中的浓烟主要漂浮在上空,所以要尽可能低下身子。可顺着墙滑到地面上,移动时,一手挡住口鼻,另一只手扶地,用膝盖和肘关节爬行,这样可以避免吸入过多浓烟。

● 逃生

当大火封门无路可逃时,小朋友千万不要出门从楼梯逃生或是乘坐电梯,更不要跳楼,要待在房间里,等待消防员叔叔的救援。记得用毛巾、衣服或床单塞住门缝,并向门上泼水,以防浓烟跑进来。

逃生时,小朋友们要有秩序地迅速撤离,尽量走楼梯,而不要选择电梯。记住要用手帕、围巾或毛巾捂住自己的鼻子和嘴巴,再将衣服或棉被用水蘸湿裹在身上,贴着地面匍匐前进,防止吸入有害气体。

一旦身上的衣服起火,小朋友们也不要慌乱,应当就地打滚,或用湿的厚棉衣往身上盖将火压灭。

小朋友们还要注意,脱离火场后,要尽快找

向外跑时一定要选择紧急出口和楼梯。发生火灾时,电路可能中断,电梯中也会有火苗窜入,所以使用电梯是很危险的。

到你们的爸爸妈妈，免得他们担心。

具体情况如何逃生

火灾无情，一旦发生火灾，同学们要保持清醒的头脑，争分夺秒，快速离开。万一被火围困，更要随机应变，设法脱险。

● 平房起火如何脱险

（1）睡觉时被烟呛醒，应迅速下床俯身冲出房间。不要等穿好了衣服才往外跑，此刻时间就是生命。

（2）如果整个房屋起火，要匍匐爬到门口，最好找一块湿毛巾捂住口鼻。如果烟火封门，千万别出去！应改走其他出口，并随手把你通过的门窗关闭，以延缓火势向其他房间蔓延。

（3）如果你被烟火围困在屋内，应用水浸湿毯子或被褥，将其披在身上，尤其要包好头部，用湿毛巾蒙住口鼻，做好防护措施后再向外冲，这样受伤的可能性要小得多。

（4）千万不要趴在床下、桌下或钻到壁橱里躲藏，也不要为抢救家中的贵重物品而冒险返回正在燃烧的房间。

● 教学楼起火如何脱险

现代教学楼由于楼层逐渐增高，结构越来越复杂，学生密度大，加上课桌、课椅等可燃物较多，当发生火灾时，逃离比较困难。一旦楼房着火，应当按以下方法逃生：

（1）当发现楼内失火时，切忌慌张、乱跑，要冷静地查看着火方位，确定风向，并在火势未蔓延前，朝逆风方向快速离开火灾区域。

（2）起火时，如果楼道被烟火封死，应该立即关闭房门和室内通风孔，防止进烟。随后用湿毛巾堵住口鼻，防止吸入热烟和有毒气体，并将身上的衣服浇湿，以免引火烧身。如果楼道中只有烟没有火，可在头上套一个较大的透明塑料袋，并留下足够呼吸空间，不要封死，防止烟气刺激眼睛和呼吸道，采用弯腰的低姿势，逃离烟火区。

（3）千万不要从窗口往下跳。如果楼层不高，可以在老师的保护和组织下，用绳子从窗口降到安全地区。

（4）发生火灾时，不能乘电梯，因为电梯随时可能发生故障或被火烧坏，应沿防火安全疏散楼梯朝底楼跑；如果中途防火楼梯被堵死，应立即返回到屋顶平台，并呼救求援。也可以将楼梯间的窗户玻璃打破，向外高声呼救，让救援人员知道你的确切位置，以便营救。

● 楼梯被火封锁后如何脱险

楼梯一旦被烧断，似乎陷入"山穷水尽"的绝境，其实不然。

（1）可以从窗户旁边安装的下水管道往下爬，但要注意察看管道是否牢固，防止人体攀附上去后断裂脱落造成伤亡。

（2）将床单撕开连结成绳索，一头牢固地系在窗框上，然后顺绳索滑下去。

（3）楼房的平屋顶是比较安全的处所，也可以到那里暂时避难。

（4）从突出的墙边、墙裙和相连接的阳台等部位转移到安全区域。

（5）到未着火的房间内躲避并呼救求援。

（6）跳楼往往凶多吉少，是最不可取的逃生方式。但如果你被困在二层楼上，迫不得已则可采用双手扒住窗户或阳台边缘，将两脚慢慢下放，双膝微曲往下跳的方法。

● 楼内房间被火围困时如何脱险

楼房发生火灾后，能冲出火场就要冲出火场，能转移就要设法转移。火势强烈，实在没有道路逃离时，你可以采用下述方法，等待救援：

（1）坚守房门，用衣服将门窗缝堵住，同时要不断向门、窗上泼水。

（2）对于室内一切可燃物，如床、桌椅、被褥等，都需要不断向上泼水。

（3）不要躲在床下、柜子或壁橱里。

（4）设法通知消防人员前来营救。要俯身呼救，如喊声听不见，可以用手电筒照射，或挥动鲜艳的衣衫、毛巾及往楼下扔东西等方法引起营救人员的注意。

● 身上衣服着火如何脱险

(1) 不要盲目乱跑，也不能用手扑打。应该扑倒在地来回打滚，或跳入身旁的水中。

(2) 如果衣服容易撕开，也可以用力撕脱衣服。

(3) 营救人员可往着火人身上泼水，帮助其撕脱衣服等，但不可以将灭火器对着人体直接喷射，以防化学感染。

● 山林着火如何脱险

(1) 辨别风向、风力以及火势的大小，选择逆风或侧风的安全逃离路线。

(2) 如果风大，火势猛烈，并且距人较近，可以选择崖壁、沟洼处等背风处暂时躲避，待风小、火小时再脱身。

(3) 如果火距人较远，则应选择逆风方向或与风向垂直的两侧撤离。例如刮北风，则应朝北或东、西两方向脱离险境。

(4) 不要顺风跑，因为风速、火速要比人跑得快。

实际上，各种火场的情况是非常复杂的，万一遇到火灾，要牢记十六字：临危不惧，清醒果断，争分夺秒，巧妙脱险。总之，争取时间，快速离开，才是上策。

发生火灾时，这样做更危险——

● 因为害怕而躲起来

通常孩子们会觉得着火时躲进床下或者衣柜里很安全，所以一定要反复教育孩子，当火灾发生时，最安全的办法是用最快的速度沿着紧急出口跑到外面。

● 为了拿走爱惜的物品而耽误时间

要在火势蔓延之前尽快逃生。一旦火势加大，可能无法逃生，也可能因为浓烟而窒息。

● 为了找到东西再次进入火场

一旦逃了出来，无论有什么样的原因，都不要再进入火灾现场，就算有非进不可的理由，也要拜托消防人员。

● 因害怕而从窗户逃生

被关在房间里或者无处逃生时,要先将房间门紧闭防止火苗窜入,同时用被子或者衣服(如果用水浸湿更好)堵住门缝防止浓烟进入,然后把握时间向窗外的人求救,因害怕而冒然从窗户跳出去,并不可取。

4.灭火方式

对"症"下手,见招拆招。

火灾的"来路"各不相同,灭火的招数也各有千秋!

● 电路引起的火灾

想要控制由电路或油而引发的火灾,就必须使用灭火器。我们家中也要在看得见的地方备好灭火器。

- 电器造成的火灾

及时切断电源

不可泼水灭火

火势不大，可用湿毯覆盖

- 天燃气或煤气引发的火灾

首先关闭开关以及点火阀门

然后迅速打开门窗大声呼救

- 食用油引发的火灾

不要泼水，否则可能会有
油星溅起来，会更危险

用专业干粉灭火器灭火

特别告知

　　当锅内起火，火势不大的话，试着用锅盖压住火苗，也可将火扑灭（用锅盖时，注意不要从上而下地盖，应该从旁边慢慢滑过去。另外，如果盖上锅盖后发现火势仍有蔓延的趋势，这时候掀起锅盖是很危险的，必须确认火苗已经

熄灭后，才能打开锅盖，让油自然凉下来）。

5.熟悉消防设备的种类

除灭火器之外，还有很多可以在火灾时使用的消防设施，虽然在一般情况下，我们不会使用，但适当地了解，也许会在意外发生时帮上大忙。

让我们一起来看看自己身边常见的消防设施，并检验这些设施是否受到规范管理。

● 火灾警报器

这是着火时用来通知周围人群的装置。有手动按铃与火灾感应器自动感应火灾两种。

消防栓是手动灭火的给水装置。放开消防栓箱中的水管，打开注水阀门，将压力调整到能扑灭火焰的大小，使水喷出。

● 气体防火设备

专门在不能用水灭火的场所或用水灭火有危险的场所中使用，能够自动识别热与烟，可向起火的地点自动喷放抑制燃烧的气体。

● 洒水装置

用水灭火的装置。发生火灾时可自动识别热与烟，向起火点自动喷水。

6.防火安全检查清单

按如下事项，检查家人是否遵守了防火安全。

问题	是	不是
是否接受过防火安全教育？		
家中是否有灭火器？		
是否知道火灾警报器的位置和紧急出口？		

续表

一个插座上是否可使用多个电器？		
电器不用时，是否需要拔掉插头？		
拔出插头时，是否会抓住整个插头拔出？		
电线是否途经门缝？		
是否会用沾水的湿手碰触电器？		
暖炉周围是否可以放置杂物？		
是否会在暖炉开启的状态下外出？		
煤气炉开着时，是否会离开？		
是否会在煤气炉附近放置易燃物品？		
使用煤气炉以后，是否立即关闭煤气开关？		
是否会剥掉包裹在食物外面的锡箔纸，再放到微波炉中加热？		
别人在油炸东西时，是否会靠近？		
是否会拿着火柴、打火机、点燃的蜡烛等玩耍？		
是否会告诉大人不要到处乱扔烟头？		

7.防火安全问与答

阅读下列关于防火安全的问题和答案，再和孩子一起谈论自己的想法。

问题1：烧伤属于火灾事故吗？

答：当然。家里最常见的事故就是烧伤，烧伤会在身体上留下伤疤，情况

严重的还会永久性损坏身体机能。

问题2：着火时该怎么办？

答：如果我们居住的房子着火了，一定要迅速找到紧急出口，沿着楼梯向下跑。但如果是楼下着火，跑到屋顶上躲避相对会比较安全。

问题3：如果房间外面着火，你被困在了房间里，该怎么办？

答：用手轻轻快速触摸门把手，如果很热，说明火势已经蔓延到房间门口，此时绝对不能开门，反而要尽可能将房门关紧，用衣服等物品堵住门缝，阻止浓烟和火苗窜进房中。接着，打开窗户，大声呼救。如果人们听不见呼救声，试着将屋内用品用力扔出去，以引起别人注意。

火灾逃生训练

将下列事项写在纸上，贴到冰箱等显眼的地方，每月进行一次家庭模拟火灾逃生训练。

一、熟悉各自的位置（在平面图上标注出门窗位置，边看平面图，边思考发生火灾时如何逃生）

家的平面图（根据实际情况，请家长自行制作）

幼儿园平面图（根据实际情况，请家长自行制作）

二、发生火灾时家人的集合地点

1. _____

2. _____

3. _____

三、紧急联络电话

爸爸：_____妈妈：_____

第四章　校园安全

◆**骚乱踩踏事故**：2009年12月7日晚9点，湖南省湘潭市育才中学的学生们下了晚自习，照旧嘻嘻哈哈地从楼梯涌下楼。这时候，一个学生骤然摔倒，使得本来就拥挤的楼梯行进更缓慢了，后面的学生以为前面的人在故意拦他们，所以拼命往前面挤。在拥挤过程中，更多的学生被挤倒甚至被踩踏在地……瞬间，8名学生遇难，26人受伤。

◆**暴力行凶事故**：2010年3月23日，福建南平一名疑患精神病男子在南平实验小学校门口挥刀乱捅，至少造成8名小学生死亡。一个多月后，广东雷州又有一名男子冲进校园，持刀砍伤了15名学生和1名教师。

◆**恶作剧引发的事故**：在四川省阿坝地区某小学，两个男学生邱光和陆秉达并排而坐。上自习课时，陆秉达有事站起来与前排同学说话，邱光想跟他开个玩笑，就悄悄地用脚把他的椅子挪到一边。陆秉达没有防备，坐下时一个后仰就坐到了地上，邱光哈哈大笑，为自己恶作剧的成功而得意。然而他很快就笑不出来了——陆秉达后仰时头颈部撞到后排的课桌上，当即动弹不得。大家急忙把他送进医院，经诊断陆秉达颈椎损伤，造成高位不全截瘫，光医疗护理费就花去了3万多。至于这个事故会给受伤的陆秉达及其家人造成怎样的终生痛苦，那就无法估量了。

接连不断的惨案，暴露出校园安全管理方面的漏洞，也显示出学龄儿童安全教育中的空白。校园安全教育亟待得到重视。

而事实上,校园安全隐患是可以防范的,至少是可以降低损失的。比如,老师和家长应当加强对孩子的教育、引导与监管,以此提高孩子的安全意识,帮助和训练孩子的自我防范能力。学校和老师也理应在安全方面对孩子不厌其烦地进行宣传教育。

1. 幼儿园安全

幼儿是弱势群体,面对突发的人为或自然灾难,更容易受到伤害,如果父母提早对孩子进行一些逃生、避险等相关技能的教育,就能最大限度地保护自己的孩子不受伤害。

安全隐患从择园开始

据幼儿教育专家介绍,家长们在考察幼儿园的安全问题时,要对存在的主要安全隐患进行详细了解。

那么,择园时应该查看哪些安全隐患?

(1) 看是否有门卫值班,以及对陌生人的防范办法。

(2) 园内的消防设施是否齐全,教职工是否经过消防设施的使用培训。

(3) 学校建筑物安全问题,楼梯、包括下水道设计是否合理,遇到突发险情时人员能否获得及时疏散。

(4) 食堂工作人员是否专业,每天的饭菜是否进行48小时留样。

(5) 幼儿是敏感人群,很容易被病毒感染,要注意幼儿园的教职工被聘用、幼儿入园时是否经过严格体检。

(6) 幼儿教师是否为幼教专业毕业,其道德操守如何。

如何防范幼儿园意外伤害?

幼儿园意外伤害的源头,一般来自于活动场地、设施不安全因素,也有来自教师工作期间疏于职守以及来自孩子自身的动作发展差,无安全意识等。前两项是外因,这里谈谈内因——如何让孩子从自身出发,加强自我保护意识以及如何提高孩子自身素质。这才是防范幼儿园意外伤害之根本。

● 对幼儿进行安全意识教育

幼儿对很多事情一知半解，不知道什么能做、什么不能做；什么地方能去、什么地方不能去；也不知道什么东西能玩、什么东西不能玩，有时喜欢做一些危险的尝试。对此，应加强教育，让其明确一些物品和相关行为的危险性，培养他们树立安全意识。

2. 中小学校园安全

学校是孩子们学习和生活的地方，也是孩子们离开父母后度过最长时间的地方。因此最需要安全保障的地方，应该就是学校。但不幸的是，每年都有很多孩子在学校因事故受伤甚至死亡。据相关资料显示，校园安全事故中，90%以上都是因"不小心"而导致意外发生的。换句话说，如果平时安全教育做得好，应该可以防止90%校园安全事故的发生。

中小学校园常见的安全事故

● 不当活动事故

学生在课余时间相互追逐、戏耍、打闹时不掌握分寸和方式、方法，使用笔、石子、小刀、玩具等器械造成伤害。

● 挤压、践踏事故

放学和下课时在楼道、门口等黑暗和狭窄的地方互相争先而造成的挤压、踩踏等事故。学校楼房走廊栏杆的高度不符合要求；校园设深水池；体育设备不定期检查、维修、更换；有些危房仍在使用；一些校园设施老化。

● 体育活动事故

体育活动课上不遵守纪律或注意力不集中，使用体育器械时不得要领而造成伤害。

● 劳动或社会实践事故

在劳动或社会实践中安全意识差，操作不熟练或不按要求操作造成伤害。

● 校园暴力事故

校园安全保卫制度不健全，防范措施不得力，使学生受到校外不法之徒的侵害。哥们儿义气拉帮结伙；因小事摩擦使用武力；盲目消费迫使偷盗；不良交友拉人下水；少数教师的体罚行为。

● 消防事故

因学生取暖、用电、饮食不当而造成火灾、触电、中毒等事故。此类事故一是源于侥幸心理严重，导致老化的供电线路和设施仍在凑合着使用、消防器材不足、楼房过道设计不符合消防规定等等。二是源于消防知识匮乏，大多数师生不会使用灭火器，极少上消防课，发生火情更不知如何处理。三是源于管理松懈，允许学生随便使用电器、煤气、蜡烛等易燃易爆物品。

● 学生身体原因事故

因学生特殊疾病、特殊身体状况、异常心理状态等受到意外冲击而造成的伤害。

● 自然灾害事故

学生自救自护能力差，遇到暴风雨、地震、洪水等自然灾害无法有效防范造成的伤害。

● 卫生事故

学校对卫生管理重视不够，工作机制不健全，工作措施不到位，特别是农村学校食堂，基础设施落后，卫生条件差等问题仍很突出，成为学校突发公共卫生安全事件的隐患。

● 设施事故

学校没有定时检查设施，因设施故障导致学生受到伤害。

怎样避免校园事故

若要孩子们能够在校园里安全快乐地学习、生活，应该遵守哪些规则呢？让我们依据不同场所来一一了解这些安全规则。

教室内安全

教室是孩子们在学校里最常待的地方，许多同学在这里一同生活、学习，一旦有人不注意自己的行为，就可能伤及多人。请教育孩子务必遵守下列事项：

● 休息时间不在教室跑跳，不开过于激烈的玩笑

跑跳时撞到同学导致其摔倒，如撞到桌椅角所受伤害会很严重。很多孩子还喜欢坐在椅子上向后仰，如若跌倒便会伤及后脑勺。

● 不在教室中打球

在教室打球不小心可能会伤到其他坐在座位上的同学，戴眼镜的同学如果被球砸到眼睛，后果会很严重。另外，如果球砸到窗户弄破玻璃，碎玻璃掉下来也会伤到其他同学。

● 不在打扫时用打扫工具打闹

扫除过后要将拖把、水桶、扫帚等清洁工具放回原位，平时要保管好。

● 不要乱摘贴在教室前后的告示

这些告示大多用图钉、别针、木板之类固定，随便摘掉不小心会伤到自己。

● 不要爬上窗台向外望，或倚靠窗台。

这有掉到外面的危险，所以一定不可以往窗台上爬。

● 不拿小刀、剪刀、铅笔等物品开玩笑

小刀、剪刀、铅笔一旦刺到眼睛，后果不堪设想。另外，也不要随便伸出腿去绊倒同学，这样做很危险。

● 不要向窗外乱丢东西

即便再小的物品从高空落下，由于重力作用，也会产生不小的冲力，一旦砸到行人，容易造成严重伤害。

● 开玩笑时，不要用绳子或线勒住同学的脖子

这样的动作可能会威胁生命，是非常危险的举动。

走廊、楼梯安全

走廊和楼梯是各个年级的同学共同使用的地方，也是极易发生事故的地

方。特别是集体到操场上开会或做体操时,很多同学同时行动,一旦其中一人跌倒,很可能导致多人连续摔倒的大事故。

● 下雨天防滑为先

下雨天,走廊、楼梯会比平时更滑。进入建筑物之前,应先将雨伞上的水抖干净,同时蹭掉鞋底沾上的泥土。上下楼梯时,最好扶住扶手慢慢走。

● 靠边通行

在走廊、楼梯上要靠边通行。尽量不妨碍其他同学走路,并注意让有急事的同学先行通过。

● 逐级移动

上下楼梯时,抓住扶手,一级一级地移动。跨越两级或者更多台阶,会有踏空的危险,不注意的话还会扭到脚,要特别注意。

● 保持距离

多人一同上下楼梯时,应与前面的人保持一定的距离,并注意礼让前面的人。如果不小心撞到前面的人,可能会导致前方的同学摔倒受伤。

● 三不要

不要在走廊、楼梯上乱扔果皮纸屑。这样可防止被垃圾绊倒或因踩到塑胶袋、果皮而滑倒。在楼梯上摔倒,很可能会伤及其他同学,要多加小心。

不要在走廊上奔跑打闹。在走廊里进行剧烈的打闹,不仅会伤及其他同学,自己也很容易受伤。

不要翻越楼梯扶手,或把扶手当滑梯。一旦从扶手上跌下,与正在上下楼的同学撞到一起,可能会发生严重的事故。

运动场安全

配备有多种运动器材和娱乐设施的运动场是学校最宽敞的地方。好动的孩子们在运动场上可以利用这些设施进行多种运动和游戏,玩得投入时,难免会发生碰撞、跌倒等伤害事故,又由于有这些运动设施,相应的事故也会出现多种状况。

2009年教育部统计资料显示，在运动场与体育馆中发生的事故，占学校整体安全事故的40%还要多。

那么，要预防运动场上的事故，我们应该怎么做呢？

● 熟悉娱乐设施的使用方法后再操作

先确定娱乐设施的使用方法，再安全地使用。不要在这些设施上跟朋友打闹，更不应该为争抢使用而打架。

● 遵守游戏规则

踢足球或打棒球时，一定要遵守游戏规则，很多情况下会因为碰撞而受伤，需要时刻注意。同时留意不要因为过于专注于自己的游戏，而妨碍到他人。

● 多注意周边情况，小心摔倒

多留意周边情况，防止被运动器械或者突然飞来的球绊倒或砸到。

● 不要在运动场上赤脚玩耍

运动场上难免会有玻璃碎片、金属碎块或小石子等锋利、尖锐的危险物，所以一定要穿鞋玩耍。同时，应尽可能避开有积水的地方。

● 不要朝朋友丢沙子或泥土、小石子

沙子或者泥土一旦进入眼睛，是很危险的事情。小石子还有可能会砸破同学的头部等。

● 不要翻墙或往高处爬

如果球飞到了高墙的另一边，要找大人们帮忙。为了捡球而翻墙跑上车道，是很危险的行为。

● 不要和小朋友们擅自搬动运动场上的设施

足球门和篮球架等运动场上的设施，应该很牢固地固定在球场上。由于运动场上经常要开早会、做体操，从便利性的角度考虑，有时这些设施都没有固定在某一处，但不能因为这样，就和小朋友们擅自移动运动设施。一旦这些设施倒下来，砸到头和腿等部位，会伤得很严重，所以如有需要挪动，也一定要寻求大人们的帮助。

● 夏季时，触摸铁质的器材要格外小心

运动器材在阳光的暴晒下温度会变得很高，随意触摸会有烫伤的危险，所以夏季在触摸铁质的运动器材之前，一定要先小心试探。

3.校园安全应对策略

有人抢夺你的钱物怎么办？

一旦遇到这种情况，应当以尽量减少损失、避免人身伤害为主要目的进行应对。遭抢之时，要努力挣脱，尽快逃离，一边跑一边呼喊："有坏人抢劫呀！"如果挣脱时有物品带不走，如帽子掉在地上了，书包被拉住了，就不要顾及这些，以自身挣脱为先。挣扎、喊叫、跑，就代表着你反抗的勇气。

怎样预防被偷盗？

首先，要注意对家庭财产的保密。家中的贵重物品、现金、债券及股票等，不能轻易露底，包括对某些亲友、邻居。不要将家中钥匙随便交给他人使用，防止居心不良的人偷配钥匙，寻机行窃；如果钥匙丢失，要马上换锁；不能与萍水相逢、不明底细的人交往，更不能随便将其带到家中做客，防止"引狼入室"。

当校园有人引诱拉拢你去偷盗怎么办？

偷盗是违法犯罪行为，坚决不能参与。当有人拉拢你参与偷盗时，你应该用以下办法来应对：

● 语言温和，以免激化矛盾遭至报复造成人身伤害，但态度一定要坚决，不要让对方觉得还有可争取的空间。

● 好言相劝

● 借故推辞

可以说："真不巧，我家（学校）有急事，我必须马上去办。"故意躲开拉拢你去干坏事的人。

● 及时报告

偷窃会受到法律制裁。为了真正挽救对方，要将其作案的时间、地点、手段、参与人员等情况，及时报告相关部门。最好是先与父母沟通，然后再采取行动。

独自在家时应该怎么办？

自己在家遇到有人敲门时，可以这样做：

（1）一人在家，要锁好院门、房门、防盗门、防护栏等。

（2）钥匙要保管好，要注意把钥匙放在衣服里，不要放在外面，以防坏人跟踪入室。

（3）当有人敲门时，一定要问清来意，对不熟悉或不认识的人，坚决不要开门。特别是遇到有陌生人以修理工、推销员的身份要求开门时，说明家里不需要，请其走开，或寻找其他借口，请其不要打扰。

（4）当坏人欲强行闯入，可到窗口、阳台等处高声喊叫邻居或去拨打报警电话吓跑坏人。

被人殴打以后怎么办？

● 联系救助

设法与老师或家长取得联系，以便尽快得到救助。

● 及时治疗

妥善保管看病治疗的医院单据和诊断书，以备后用。

● 及时报案

要报告出事的时间、地点、打人凶手的特征等。

当校园有人拉你参与打架怎么办？

（1）坚决不去。

（2）设法劝阻。

（3）及时报告。

4.校园安全检查清单

● 校园安全检查清单

学校是很多同学一起生活、学习的地方。从安全角度考虑,指导孩子自查下列事项。

问题	是	不是
是否在走廊或教室跑跳、打闹?		
是否会拿着清扫工具跟同学打闹开玩笑?		
上课时间是否会跟同学开玩笑,比如将同学的坐椅向后扳?		
是否做到不在运动场之外的地方玩球,以免打破玻璃?		
开关教室的门,是否会小心不让手指被门缝夹到?		
在走廊中,是否靠右侧通行?		
是否会时刻注意周围情况,避免跑跳、玩耍时撞到旁边的同学?		
是否了解运动场上所有游戏设施和运动器械的用法?		

● 学校暴力检查清单

在学校受到欺负或遭遇暴力的孩子,会表现出反常行为。用心观察孩子的变化,按下列事项进行检验。

问题	是	不是
是否突然闹脾气，抱怨讨厌上学？		
是否突然要求增加零用钱的额度？		
是否无特别理由成绩却突然大幅度下降？		
是否突然变得行为粗暴、说脏话？		
是否睡眠质量不好，经常做噩梦？		
是否突然间出现食欲不振的情况？		
是否回家后出现衣衫不整，或经常丢失文具、书本被撕碎？		
是否喜欢咬指甲？		
是否欺负其他小朋友或兄弟姐妹？		
是否经常喜欢一个人独处？		

5.校园安全问与答

阅读下列关于校园安全的问题和答案，再和孩子一起讨论自己的想法。

问题1：在学校经常被大同学欺负该怎么办？

答：学生的身高、体格各不相同，同时成长环境和性格也不同。为了避免被欺负，可以与同学们一起结伴同行。还有，告诉父母，与父母一起上下学，或者报告老师也是解决之道。受欺负或遭遇暴力的同学大多因为害羞或者担心

被报复而不敢告诉任何人，所以父母一定要仔细观察孩子的行为。

问题2：学校里很安全，自己一个人也没关系吧？

答：大多情况下学校是很安全的，但毕竟学校是开放的环境，也会有坏人进入。而且，由于学校的面积很大，有时发生事故可能没人发现。所以，尽可能远离陌生人，休息时间多跟同学们在一起是最安全的。

问题3：当孩子转学到新学校，周围没有熟悉的朋友，他个子小，性格又内向，该怎样适应新环境？

答：孩子放学回到家后，多询问他在学校发生了什么事，多用心倾听，了解孩子愿意跟什么样的同学交朋友，对老师有什么看法等，不间断地关心他在学校的生活不失为一种好方法。孩子的个子小，性格内向，转学后容易遭遇校园暴力，家长更要特别留意观察。

第五章　居家安全

◆**厨房中的意外**：冷女士有一个可爱的女儿，她对女儿的厨房事故记忆犹新："女儿5岁的时候对厨房产生了浓厚的兴趣，每次看到我在厨房就跃跃欲试，有一次我给她一把小刀让她削蘑菇，虽然我一直在一旁指点，但是没看出她把刀拿颠倒了，结果划破了手指，我不够仔细啊。"

◆**异物吸入口鼻的意外**：袁女士有一个6岁的儿子，"我们家宝宝刚会走路那会儿，好奇心特别强，什么都要翻。有一次他从抽屉翻出两颗纽扣，我当时在忙别的没注意，他把纽扣往鼻孔里塞，越塞越往里，最后拿不出来，因为疼哭了，我才知道出事了，最后到了医院才把纽扣取出来。"

◆**烫伤意外**：叮叮（化名）妈妈在煤气灶上烧水，3岁的叮叮跑进厨房，打翻了即将烧开的水，开水毫不留情地泼了下来，叮叮的前胸、后背和大腿都没有幸免，造成大面积烫伤。

◆**医生的发现**：南京市儿童医院急诊中心的江涛主任医师介绍，该院收治的意外伤害患儿最常见的是气管异物，其次是颅骨损伤、骨折等。该院统计还发现，孩子的年龄段不同，遭遇的意外伤害类别也有所不同：3岁以内婴幼儿以摇晃综合症、气管异物为主；6岁左右的儿童以坠落伤害为主；14岁内的学龄期儿童以运动损伤及交通事故为主。

家一直被认为是安全的港湾,但是,2010年11月4日,国际非营利性组织——全球儿童安全网络(Safe Kids)在南京发布了其针对学龄前儿童的最新《儿童家居用品安全专题调研报告》,该报告显示,超过六成的儿童意外伤害发生在家中。

儿童在家中面临的事故主要来自两个方面:一是意外伤害;二是暴力行为引发的伤害。本章主要述及前者。

在大人看来,孩子有很多行为是无法理解的。成长中的孩子往往具有强烈的好奇心,同时也很好动:他们时而不知到处寻找什么,时而探头观望四周,时而把自己藏起来,甚至还会将异物塞进自己的耳朵、鼻子或嘴里,或者拿着筷子和小棍子,戳得家里到处是一个个的小洞。这时不要一味地阻止他们,而是要尽量为他们创造一个可以尽情玩耍的安全环境。

对于家庭中常见的安全事故,如果家长给予充分的注意和关心,是可以预防的。让我们一起来看看如何保障家里的安全吧!

1. 儿童家庭隐患

当孩子处在婴儿期时,爸爸妈妈不大会觉得家中有什么不安全的因素,因为孩子还不会自由活动。可是当孩子会翻身,会爬行,会走路,并且一点点长高的时候,细心的父母才发现自己的家处处存在不安全因素,即使时时刻刻有人照看孩子,也可能在一转身之间发生危险。

我们来看看,究竟哪些物品存在不安全因素呢?

暗藏危险的物品

● 电源插座

家庭中总是少不了电视、洗衣机之类的电器,这些电器的电源插座一般距离地面都不太高,孩子很容易触摸到。虽然父母都会考虑将这些电源插座藏在比较隐蔽的角落,但是,天生喜欢往边边角角探索的儿童偏偏对那些小孔小洞有着浓厚的兴趣，他们热衷于用小手去抠这些小洞，因而造成触电的危险。

父母最好给电源插座上装上安全护盖，或者在电源插座不使用时插入安全隔离插销。万一没有及时安上这些小东西，可以用一些比较重、儿童搬不动的东西在插座前遮挡，起到防护作用。

● 家具棱角

家具的棱角很容易碰伤儿童头部，玻璃材质的茶几在外力作用下也容易碎裂扎伤儿童。父母最好将茶几暂时撤离客厅，给儿童留出更大的活动空间。家具棱角则可以使用桌角防护件。

● 房门

房间门把手大多为金属材质并带有棱角，儿童在房间活动时很容易碰伤小脑袋，开关门时还容易夹伤小手指。

如果给门安装安全门夹，或用废旧的布头、棉花、海绵等材料做成卡通形状的门把手套，套在门把手上，就可以防止伤到孩子。

● 电器

别以为冰箱等家用电器没有危险，对于儿童来说，凡是有门、带盖的家用器具，他们都有打开一探究竟的欲望。

因为这种勇敢的"探索"，他们有可能会将自己关在冰箱里，抑或掉进马桶中，为了防止种种可能的意外伤害发生，建议父母为这些器具多加一把功能锁。

● 植物

你或许会种植一些花草来装点居室。可别小瞧了这些花花草草，如果种植不当，很可能就是引"狼"入室，会给宝宝造成不必要的伤害！

刺槐：误吃叶、果实，会引起恶心；

水仙：全株有毒，球根毒性特强，食用会引起头痛、恶心和腹泻、休克等严重后果；

夹竹桃：树皮和树叶有毒，食用会引起恶心和眼花；

秋海棠：误食用会引起恶心甚至更严重后果；

郁金香：含有毒生物碱，食用对人体有害；

万年青：汁液中含生物碱，可使人皮肤奇痒，误食后会引起消化道疾病；

南天竹：全株有毒，误食会引起痉挛、昏迷；

含羞草：毒性很强，过多接触能使人毛发脱落；

杜鹃花：误食后会引起呕吐、呼吸困难、四肢麻木等；

一品红：全株有毒，其白色乳汁能刺激皮肤红肿，误食有中毒死亡危险；

虞美人：全株有毒，误食会引起抑制中枢神经中毒，严重的可致命；

仙人掌：刺内含有毒汁，被刺后皮肤肿痛、瘙痒；

马蹄莲、朱顶红、鸡蛋花：也属带毒花草；

丁香、夜来香、夹竹桃：花香对人体不利；

另外，有孩子的家庭也不宜摆放悬吊植物、多刺植物、高脚花架等"危险品"。总之，父母多个心眼，宝宝才会有更多安全。

● 橱柜

抽屉面外置的橱柜，其抽屉不仅可以从正面用拉手打开，抽屉左右两侧还留有窄条与橱柜两侧面相接，因此，从侧面向外推也可以打开抽屉，很容易夹伤儿童的小手。另外低矮橱柜的柜角既尖又硬，加之比较低矮，儿童玩耍时很容易碰伤脑袋。

聪明的父母会在橱柜抽屉的一侧与橱柜侧面相连的转角处安上安全锁，将抽屉固定并在橱柜角上安上软软的安全柜角，这样即便儿童碰到也不会受伤。

橱柜滑锁，可以防止孩子打开橱柜门。

一字门锁，广泛适用于两面开门的家具，即使不是玻璃门也可用吸盘简单安装。

直角门锁，外置式的锁，容易安装且开关方便，抽屉的左右两边皆可安装。

食品隐患

食品也危险？如果你对此闻所未闻，那就一起来学习下面这些知识吧！

● 巧克力

巧克力之所以有危险，原因在于巧克力是一种高热量食品，但其中蛋白质含量偏低，脂肪含量偏高，营养成分的比例不符合儿童生长发育的需要。而且如果在饭前过量吃巧克力容易产生饱腹感，因而影响食欲，使正常的生活规律和进餐习惯被打乱，影响了小孩的身体健康。另外巧克力中含有使神经系统兴奋的物质，会使儿童不易入睡和哭闹不安。常吃巧克力还会发生蛀牙，并使肠道气体增多导致腹痛。

注意

3岁以下的宝宝不宜吃巧克力。

● 茶

茶的危险，主要来自它的成分。茶叶中含有大量的鞣酸，会干扰人体对食物中蛋白质、矿物质及钙、锌、铁等矿物质的吸收，导致儿童缺乏蛋白质和矿物质而影响其正常生长发育。另外，茶叶中的咖啡因是一种很强的兴奋剂，可能诱发小儿多动症。

注意

3岁以下的宝宝不宜饮茶。

● 大豆

大豆的危险，源自大豆本身。因为，大豆本身含有一种植物雌激素，如果摄入量较大，会出现类似于人类雌激素摄入过多而产生的副作用。另外，过早摄入豆类食物，可能会引起婴儿过敏，导致婴儿出现腹泻和皮炎等过敏症状。

专家提醒

其他容易引起过敏的食物，如花生酱、鱼虾、贝壳类海鲜，最好在宝宝超过1岁并确认不会过敏后再进食。另外，某些容易引起婴儿咽喉堵塞的食物，如坚果类、某些带核的水果，如荔枝、龙眼等，也应尽量避免食用。

注意

1~2岁内婴儿应尽量避免食用大豆。

● 鲜牛奶

鲜牛奶的安全隐患在于：鲜牛奶的蛋白质构成主要是球蛋白，乳清蛋白只有20%；而母乳中的蛋白质主要是乳清蛋白，其比例高达60%。而且牛奶中的其他成分及含量也与母乳不同，如牛奶中矿物质含量偏高，会加重婴儿的肾脏负荷。牛奶也是一种贫铁食物，长期摄入可能会造成婴儿铁缺乏。

注意

婴儿不宜喂鲜牛奶，如不能喂以母乳，宜选用以母乳为依据、专为婴儿童设计的配方奶粉。

2. 家庭中的意外

相关资料显示，2009年发生的意外事故中，50%都是在家中或家的周围发生的，特别是集中在6岁以下的儿童身上。因为儿童大部分时间都在家中度过，在家中发生意外事故的危险性最高。

只有了解了家庭中可能发生的事故类型，才能有效地预防。家庭安全掌握在父母们的手中，请记住下面内容，尽最大努力预防意外事故的发生。

火灾

发生在家中的火灾，主要是由于孩子们拿着火柴、打火机、蜡烛等玩耍，父母在床上吸烟或者随意将烟头扔进垃圾桶，或者在煤气炉上做饭等原因造成。家里发生火灾时，因没能采取适当对策，导致无法逃生而丧命的事例很多。

虽说预防火灾比什么都重要，不过对于一旦发生火灾要怎样逃生这个问题，若事前与家人分享过经验的话，也会有很大的帮助。（参考本书第三章防火安全）。

烫伤

滚烫的汤、热油、电锅等造成的烫伤，是孩子在家里发生的烫伤事故中所占比重最大的。另外，在浴室里面被热水烫伤的事故，或者将筷子插进电源插座烫伤手指、碰触正在使用的熨斗等事故也时有发生。

有的家长只给幼儿定下了清规戒律，不许做这做那，但并不给幼儿做进一步的解释，幼儿不知道不许做的理由，更没有意识到这样做的危险性，因而出于好奇或逆反心理，会继续做一些危险性尝试。

家长若要真正说服幼儿，就应该常向幼儿进行一些安全意识教育，通过看电视、讲故事以及让幼儿亲眼见到由于不注意安全而导致灾难的事例，为

幼儿增加一些简单的社会经验，进而向他们提出一些安全规则，并讲清原因。如：要求幼儿遵守交通规则，不乱闯红灯；父母不在家时不轻易开门让陌生人进门；不带小刀等危险物品上学……通过这些教育使幼儿明白做危险事情的后果，理解家长的限制是对自己的爱护，同时无形中也增强了

孩子在妈妈熨衣服的时候要去摸熨斗，妈妈就把儿子的手放到熨衣板上，刚熨过衣服的熨衣板也很烫，但是不会烫伤，儿子因此知道熨斗肯定更烫，此后再也不敢去摸熨斗了。家长应做到随时随地随机地对孩子进行教育，有意让孩子在思维里形成趋利避害的心理暗示。

幼儿的自我防范意识。

窒息

异物从嘴里进入卡住气管时、从体外堵住口鼻使气管闭塞时、从体外进行按压使气管封闭时，都可以称为"窒息"。

未满1岁的婴儿脖子还不稳固，发生窒息的危险性很高。还有，4岁以下的儿童气管相对较窄，加上他们经常会将手中的物品放入口中，也很容易造成窒息。因此，要小心家中像是硬币、纽扣等体积较小的物品。

产生窒息的原因

● 睡觉的姿势

很多家长告诉孩子趴在床上睡觉能保持头型漂亮，殊不知这样的睡姿容易导致窒息猝死。

● 不合适的寝具

由于被褥、枕头或者玩具堵住口鼻，导致孩子们在睡觉时发生窒息的事件也常有发生。

● 不安全的床

如果床与墙壁之前有缝隙的话，孩子睡觉翻身时可能会掉进缝隙中，卡住身体。

● 食物

食物卡在喉咙中，会堵塞气管，造成窒息。果冻就是要重点预防的一种食物。

● 玩具

婴儿时期的孩子无论见到什么，都会拿过来塞进嘴里。因此食物和小玩具导致的窒息事故屡见不鲜，家长一定要特别注意。

● 绳子或塑胶袋

衣服、窗帘上面的线或者绳子纠缠在一起时，可能会勒住婴儿的脖子。塑胶袋和气球也有导致窒息的危险。

中毒事故

由于孩子的体型较小，代谢较快，身体对毒性化学物质的抵抗力较弱，所以比成年人更容易发生中毒事故。加上孩子们好奇心强烈，无论什么东西都可以送到嘴里，所以发生中毒的危险性更高。

产生中毒的原因

● 药物

药物服用过量，可能导致中毒，孩子们如果发生补铁剂或抗抑郁剂中毒，严重的话会危及生命。所以即便是对身体有利的维生素，也不要过量服用。孩子需要服用普通药品时，一定要根据使用说明，选择适合孩子相应年龄的剂量。

● 家庭用品

比起药物中毒事件，由于家庭用品管理疏忽造成的中毒反而更多。因此管理好化妆品、厨房清洁用品、杀虫剂等，是预防该事故发生的重要注意事项。

● 植物

我们往往会认为鸟与动物吃过后没有任何异常的植物就是无毒的。但是由于毒草和毒蘑菇引发的人类中毒事故却经常发生。

摔伤事故

浴室是家庭内发生摔伤事故最频繁的地方。浴室地板上有积水的话，地面会很滑，容易摔倒。

孩子们在玩耍时从高处坠下或从床上滚落下来也较常见，一旦发生这些情况，轻则淤伤，骨折，严重时很可能造成脑部损伤。

3.保障家庭安全

要有效地预防家庭意外事故，首先要彻底检查自己的房子，看是否存在会

对孩子造成威胁的危险因素，并予以消除，确保它们不会危及到孩子的安全。

其次，父母还要细心照看孩子，做到防患于未然：

● 培养幼儿的生活自理能力

由于现在的小孩大多都是独生子女，娇生惯养。家长应注意让幼儿独立面对困难，培养他们的独立自主性，养成良好的生活自理习惯，不要事无巨细，处处为幼儿扫除障碍，使幼儿养成依赖心理。

家长应多创造机会，不断提高他们独立解决问题的能力。比如：让幼儿学习穿衣服、系鞋带、叠被子；吃饭时会自己剔骨头、吐鱼刺。

幼儿拿不到玩具时，家长不要急于帮他把玩具拿到手，而应引导幼儿先自己想办法拿；若经过努力还拿不到时，再有礼貌地请别人帮忙。逐渐使幼儿在劳动实践中建立良好的生活自理习惯，增强生活的自理能力。

● 养成良好的常规习惯是减少幼儿园意外伤害的途径之一

孩子在活动中，如能自觉听从教师指导，有秩序地进行活动，会大大降低遭受意外伤害的可能。

● 培养幼儿健康的体魄

由于生活方式的改变，造成了"高楼综合症"，很多家长都不愿意带幼儿到户外去活动，永远把孩子关在小小的套房里，使幼儿缺乏锻炼的机会。我们时常见到这种情况：被关在套房里长大的一些幼儿体弱、内向，活动中时常会跌倒；而平时比较好动、顽皮、身体健壮的幼儿却不易碰伤。究其原因，就是因为体弱的幼儿平时甚少活动，遇到危险时反应慢，灵活性差，动作不协调，因而容易受到伤害；而那些顽皮、健壮的孩子是因为经常锻炼所以动作灵活，遇到危险时反应快，能采取自救办法，受伤害几率就小。可见增强幼儿的体能是提高幼儿自护能力的重要途径。

平时，家长应带领幼儿到户外进行体育锻炼，以增强幼儿体质。时间和空间也应该合理安排，动静交替，协调安排体育活动，以增强孩子的身体素质，发展他们灵敏、协调的动作能力，从而有效地避免意外伤害。

● 培养幼儿灵活机智的应变能力

要保证幼儿的健康和安全，培养幼儿的应变能力也是日常生活中一项重要教育内容。这些应变能力具体表现在：

一是适应周围环境变化的能力。如：知道随季节变换和早晚温差增减衣服；春天吃预防感冒的药。

二是对突如其来事件的灵活处理能力。幼儿有时候知道要注意安全，但不一定有能力去处理一些较危险的事情，这就需要成人平时有意识地训练幼儿的自救技能。如：玩耍时不小心擦破皮应马上请求他人的帮助；在商店和父母走散了，可找商店的叔叔、阿姨或警察帮忙等。

总之，家长应人为地创设一些问题、情境，引导幼儿想出各种自救方法，使幼儿掌握一些基本的应变能力。

预防最重要

● 第一步，检查危险因素

（1）不要忽略细微的危险。

（2）常思考有无更安全的方法。

（3）试着考虑可能发生的割伤、烧伤、滑倒、绊倒、跌落、触电、中毒、溺死、压力、精神创伤等种种事故，并检查有无可能造成相应事故的源头。

● 第二步，学习如何预防危险发生及处理方法

（1）决定只是简单地将危险因素清除，还是选择更安全的方式替代。

（2）判断是否应该采取修理、修改、隔离等方式，创造更安全的环境。

（3）思考应该教育孩子注意哪些方面。

● 第三步，迅速采取措施

将危险因素长时间搁置不理，其危险性会上升。而且长时间忽略的话，很容易误以为该危险因素已经消失。所以，一旦意识到某种危险因素的存在，就要马上思考对策并采取防范措施，防止因没能及时处理而导致的危险事故的发生。

各空间内的危险因素与安全防范措施

● 卧室、客厅

（1）固定好沉重的家电或家具，避免发生滑落或倾倒。

（2）家具应尽量选择柔软的材质，边角处最好采取圆滑的设计。

（3）电源插座在不使用时，应盖上安全保护盖。

（4）电暖炉或电熨斗等家电产品，要放在孩子够不到的地方。

（5）易倒的物品不要放在地上，应该放在孩子够不到的地方。

（6）窗户外面安装防止跌落的栏杆。

（7）不要将床放在窗边，防止孩子踩着床爬上窗台。

（8）窗台上不要放置会激发孩子好奇心的玩具或物品。

（9）医药用品或杀虫剂应放在孩子够不到的地方。

（10）确保家中安装了火灾发生时的自动感应器或灭火器，并定期检查其性能。

● 厨房

（1）将电锅放在孩子够不到的地方。

（2）尽可能用内侧的煤气炉做饭，炒锅把手要转向内侧。

（3）煤气炉在使用过后，一定要记得关掉煤气，并且设置煤气泄漏自动感应装置。

（4）将菜刀、剪刀、螺丝刀等尖利物品放到高处的抽屉里。

（5）关好冰箱、橱柜、抽屉的门，如果可以配锁更好。

（6）孩子会打翻垃圾桶，所以应尽量使用有盖子的垃圾桶，对于锋利的物体或碎玻璃，应用报纸包好再扔掉。

（7）不要将杀虫剂、清洁剂等有毒物质装在饮料瓶里放入冰箱。

（8）如果桌布过长，让孩子无意中拽下，将桌上滚烫的食物扯落，会导致烫伤。如果不能将桌布完全固定，将桌布拿掉会更安全。

（9）及时擦干地板上的水渍，防止滑倒。

（10）孩子玩耍的地方要与做饭的地方保持一定的距离，但应尽量选择能让妈妈在做饭的同时又能照看到孩子的地方。

● 浴室

（1）要让浴缸和浴室地板保持干燥，并放置防滑装置。

（2）不要在洗脸台或马桶上放置玻璃杯或化妆品等物品。

（3）若孩子将脑袋伸进马桶，容易造成意外事故，最好在马桶的盖子上设置锁头。

（4）将最高水温控制在49℃以下。

（5）孩子洗澡时，先由大人确认水温。另外，注意不要让孩子碰触水龙头。

（6）洗漱用品或清洁用品用过后要盖好盖子，并放在孩子够不到的柜子里，柜子外侧应设锁。

（7）将所有小电器放在浴室外是最安全的，若遇到必须在浴室使用时，切忌要小心使用这些小电器，防止其掉落在浴缸、马桶、洗脸台里，不用时记得拔掉插头。

（8）电源插座应设置在孩子够不到的地方，并用插座安全保护盖封住电源孔。

（9）未满3岁的孩子比较容易发生溺水事故，不要让他们独自待在浴室中。

● 楼梯

（1）下雨时，要清扫楼梯。

（2）经常清理走廊，以免被鞋子或雨伞绊倒。

（3）在门上设置自动关闭装置，避免关门时夹到手指。

（4）楼梯台阶的倾斜度保持在45°以下为宜，至少也应保持在45°以下。

（5）楼梯周边设置牢固且高度适中的扶手，随时检查其安全性。

（6）在每一级台阶上设置防滑带。

（7）时刻保持楼梯照明的亮度。

（8）经常清洁台阶或台阶周边，防止滑倒或被物品绊倒。

（9）不在楼梯旁边的墙上挂吸引孩子视线的画或者照片。

（10）孩子在上楼梯时，大人应走在后面起保护作用。

● 阳台

（1）阳台一定要设置防护栏，栏杆的高度应至少距离地面120厘米以上（栏杆高度要保证高于身体重心）。栏杆与栏杆的间距应控制在10厘米以下，如果孩子的头能伸出去，身子也能伸出去，所以要确保栏杆的间距要小于孩子头的宽度。

（2）不要在阳台或窗边放足以让孩子攀登的家具或物品。

（3）不要在阳台栏杆或窗台上放置任何物品。

（4）锁好阳台的门和窗户，不要让孩子自己打开。

（5）不要让孩子独自在阳台上玩耍。

4. 儿童家庭意外急救

孩子是好奇的，为了快一点儿融入这个世界，他需要不停地探索和实践。孩子会爬会走后，他探索得更主动，范围也越发广泛了。但孩子自身发育尚未完善，所以在活动中往往会付出一些代价，轻则几块乌青，重则流血，甚至骨折。

父母在鼓励孩子进行探索活动的同时，还应时刻留意他身边的潜在危险，如果还能懂得一些急救知识，那就更棒了！

割伤和擦伤的急救

（1）用肥皂及冷水洗净伤口，检查伤口，祛除残留物确保伤口干净。如果孩子摔在路面上，路面的灰尘会嵌入到创伤处。这不仅容易造成伤口感染，而且会在伤口处留下永久的疤痕。用干净的毛巾或消毒纸巾将伤口处的脏东西擦拭掉，即使宝宝哭着叫疼，你也不能忽略这个步骤。

（2）用双氧水杀菌消毒早就过时了，因为双氧水虽能杀菌，但同时也破坏了帮助修复伤口的白细胞，减缓伤口的愈合速度。建议使用医院和药店出售的抗菌药膏，任何皮肤创伤，即使仅仅是轻微的擦伤，也可能成为细菌和病毒侵入的窗口。

（3）使用纱布或绷带也是不错的方法，但不是必须使用。一旦涂抹了抗菌药膏，伤口被密封好，大多数情况下会在8小时内就开始愈合。如果伤口比较大，出血多，或者伤口所在处经常和衣服发生摩擦，使用纱布或绷带包扎便很有必要。使用创可贴需根据伤口形状大小，每日更换。

大出血或深伤口的急救

（1）宽大的止血带容易影响创伤处的血液循环，使肌肉组织无法得到足够的血液供给，导致永久性伤害。控制伤口出血的最好方法是直接压迫。

（2）将冰袋放在处理好的伤口上有利于压缩血管，减少血液流失。如果10分钟后出血仍未停止，应尽快找到儿科医生或将孩子送入急诊室。

（3）如果伤害极其严重，造成肢体分离破损，应立刻拨打120急救电话，同时用纱布垫或其他消毒用品覆盖伤口。如果找不到合适的包扎用品，用塑料袋、塑料布、塑胶手套，甚至一片可折叠的铝箔纸盖住伤口。

（4）最好将包扎物固定在伤口处，并松开一角便于空气流通。但假如肺部受到创伤，应立即遮盖住创伤部位，不要留有太大空隙，这样可以避免空气被直接吸入孩子的胸腔中。

流鼻血的急救

（1）让孩子的头部保持直立或稍向前倾。如果头部向后倾斜，血液会流入喉咙，导致窒息或呕吐。

（2）不要捏紧孩子的鼻孔，而是改捏鼻子中间（鼻骨下面），通常需要用力捏20分钟左右。

（3）最好的冷却部位在孩子的嘴里。在口腔上颚放个冰块让孩子含住，以减慢鼻部血液的流动。必须注意：不是所有的孩子都能够承受在嘴里放冰块这种方法。如果是因为意外而造成的流鼻血，如被球击中，或和其他人发生

碰撞，可以"冰镇"鼻梁，有助于减轻肿胀。

中毒后如何急救

（1）在打通120急救电话前什么也不做。中毒的原因有很多种，不同种类的中毒要使用不同的处理方法，因此只有急救中心才能够采取正确的治疗方法。

（2）父母应当及时提供给医生以下资料：

吞食的有毒物质的种类，是液体清洁剂，有毒的植物，还是某种药物？

孩子的吞食量多少？

从吞食到采取措施时的时间间隔等等。

（3）如果无法及时将孩子送医院，建议让孩子先吸入活性碳。

烧伤、烫伤后如何急救

（1）牛油会将热量封在皮肤中，导致损伤加重。使用冰块毫无帮助，儿童肌肤娇嫩，一热一冷的骤然变化会对皮肤造成更深的伤害。

（2）如果有衣物被粘贴在烧伤处，应当立即剥离衣物，因为衣物已浸满高温油脂，会继续灼烧皮肤。立即用凉水，注意不是冰冻的冷水，冲洗伤处至少5分钟。

（3）使用皮肤麻醉剂和护肤品得不偿失，它们很可能会引起过敏反应，会使皮肤更加难受。

（4）如无破裂的水泡，可以在烧伤处涂抹抗生素软膏，覆盖住伤处，并用干燥的纱布绷带包扎伤口。如果水泡破裂或烧伤发生在关节处，尽早请医生帮助治疗，以免在孩子的皮肤上留下疤痕。

骨折后如何急救

（1）不是所有的骨折都需要看急诊。可以等上一段时间，看看孩子不舒服的感觉是否会自行消除。唯一需要做的是举高并固定住肢体。如果2～4小时内，孩子感觉活动或走动时疼痛更加剧烈，则父母应考虑带孩子去医院骨科就诊。

（2）显而易见的骨折需要及时治疗。父母应立即给医生打电话。不要移动孩子，如果可能，把孩子伤到的肢体用自制夹板固定住。夹板可用木板或有一定硬度的杂志制成，放在受伤的肢体下面或侧面，用绷带、皮带或领带缠住夹板和受伤的肢体。不要缠得太紧，不要用纱布或细绳子，这些都可能阻碍血液循环。

5. 家庭安全检查清单

第一个表格中的问题是为孩子准备的，第二个表格中的问题是为父母准备的，请自我检查并努力遵守所有事项。

表一

注意	是	不是
不往家电或者家具上爬，不摇晃这些大件物品。		
不倚靠阳台或窗户。		
不一口吞下大块果冻和糖果。		
无论什么药，一定要问过大人再吃。		
开关门时，小心不要夹到手指。		
不用潮湿的手去碰触任何电器。		
不在身边没有大人时用浴缸洗澡。		
至少知道两条以上火灾逃生路线。		
不要随便躲入冰箱或洗衣机。		

表二

注意	是	不是
会将孩子的玩具收好放在整理箱中。		
在桌子或电视机等家具上,有安装安全防撞角。		
化妆品、厨房清洗剂、清扫用品、杀虫剂等放在孩子够不到的地方。		
安全摆放衣柜和书架等大件家具。		
熨烫衣服时,不随意置放熨斗擅自离开。		

家庭安全问与答

对比下列有关家庭安全的问答内容,看自己是怎么做的。

问题1:很多人会把孩子独自留在家中,自己外出。我家的孩子很聪明,应该没关系吧?

答:就算孩子再聪明,把他们留在家中还是很危险的,务必要让他们注意,就算平时会使用煤气炉和烤箱,自己在家时也尽量不要使用,因为可能会一不小心引发火灾。另外,告诉孩子,如果有陌生人来敲门,千万不能擅自开门,并且要打电话给家人或者通知保安亭的安保人员。若孩子真的遇到自己在家的状况,切记要让他们锁好门,除非是自己的家人,不让任何人进屋。

问题2:床垫和沙发特别柔软,在上面蹦蹦跳跳很好玩,为什么不能让孩子在上面蹦跳呢?

答:床和沙发不是玩具,而且在高处蹦跳,一旦重心不稳跌落下来,会伤到脑袋或者四肢,特别是床角和沙发旁边茶几的四角都很尖锐,特别危险。另一方面，在家里砰砰乱跳，噪音也会影响到楼下或隔壁的邻居。

问题3：橱柜和装饰柜一定要用锁锁起来吗？

答：一般来说，我们会把玻璃器皿等易碎物品和菜刀之类的危险品放在橱柜里，装饰柜上一般会放些酒瓶、玻璃杯和药瓶等，这些东西对孩子而言都是危险因素。用锁将柜门锁起来，就不用担心孩子擅自碰触这些东西，做家长的也可以更安心。

6. 应急措施

孩子们待在家中的时间很长，事故也常有发生，所以，请家长熟悉一下以下事项。

当孩子误食药剂，怎么办？

一旦孩子误食了药剂或清洁剂，首先要确定孩子喝的是什么，然后带着残留物迅速前往医院。如遇孩子误食煤油、稀释剂等挥发性物质，或者强酸、强碱物质以及腐蚀性剧毒物质处于昏迷状态或发生痉挛、出现休克时，当出生不满6个月的婴儿误吞尖锐物品时，都必须马上送往医院。

当孩子被烫伤怎么办？

迅速让孩子远离热源或火苗，防止更大面积的烫烧伤。若是衣服着火了，让其立即在地上打滚或将被子盖到其身上灭火。如非贴身衣服，可用剪刀将着火处剪掉，否则不要使用此法。之后用冷水一点点浇到伤处以减轻痛感，这时千万不能冷敷，也不能随便抹烧酒、酱油、药。

出现水泡：水泡相当于二度烧伤。水泡如果被戳破有感染的危险，注意在保持水泡不破裂的同时快速送往医院。

烧伤部位又宽又深：先拨打120，然后让烧伤部位冷却下来，轻轻包上干净柔软的纱布，等待急救人员的到来。

电烧伤：首先一定要切断电源。空手触摸伤员时，自己也很可能触电，所以应该用干树枝或戴上橡胶手套来移动伤员。遇到电烧伤一定要寻求医生帮助。

第六章　性侵犯防护

◆**强奸并伤害案**：2007年5月10日，吉林省九台市11岁的女孩小西（化名），放学途中被一骑摩托车男子哄骗至山坡上。罪犯强奸小西后，残忍地将小西双眼扎伤。

◆**轮奸案**：海南琼中某中学14岁学生小钰（化名）是公认的"校花"。2006年11月25日晚，她被两名常年厮混在当地的少年抢走了身上仅有的1.5元钱后，被劫持到当地一家废弃的工厂仓库内轮奸。

◆**性侵犯并杀害案**：2007年2月20日，在深圳市罗湖区金稻田路往木棉岭路方向的路边垃圾桶附近发现一具男性幼儿尸体，尸体被装在一红色木箱内。遇难男童左手被截肢，阴囊做过手术，睾丸全无，伤口均未拆线。

◆**猥亵案**：2010年11月3日，海南省东方市人民医院，一名正接受检查的女童丫丫（化名）满脸泪痕。在医院等候的父亲赵光华心如刀绞，因为年仅8岁的女儿丫丫被一男子骗出村外猥亵，导致下体充血。家长向警察透露，被猥亵女童半夜时常惊醒，身心受到极大创伤。

年仅10周岁的小雪（化名）和父亲租住于长春市宽城区兰家镇的一处民房。2010年3月初，小雪频频遭到房东贾某（化名）的猥亵。"3月11日，我看到他红着脸从我家走出来，感到很奇怪，后来一问女儿才知道发生了这种事。"小雪的父亲说，更令他悔恨的是，贾某第一次猥亵女儿的时候，他竟然被房东灌醉后在家中熟睡。案件发生后，原本开朗的女孩变得沉默无语。

最后一个案例中,父亲的悔恨,恰好说明家长、老师防范孩子遭受性侵犯有多么重要!

对儿童性侵犯包括非身体接触的性侵犯和身体接触性的性侵犯。非身体接触性的性侵犯包括侵犯者在儿童面前暴露自己的生殖器、在儿童面前手淫、对儿童进行性挑逗;身体接触性的性侵犯包括侵犯者触摸或抚弄儿童身体敏感部位(如女孩的乳房或阴部,男孩的外生殖器)、迫使儿童对其进行性挑逗和性挑逗式地触摸其身体、故意磨擦儿童性器官、试图与儿童性交和强行与儿童性交(包括口交、阴道性交和肛交)。试图与儿童性交和强行与儿童性交属于最严重的性侵犯。儿童性侵犯受害者不仅限于女孩,男孩也可能被性侵犯。

2003年联合国进行过一次调查,报告源引世界卫生组织的统计数字显示,2002年有1.5亿女孩和7.3千万男孩(均在18岁以下)遭受了强迫性行为和其他形式的性暴力。报告还指出,各个国家都存在着家庭性虐待现象。在接受调查的21个国家中(其中大多数是工业化国家),多达36%的女子和29%的男子表示,他们在幼年时期曾惨遭性侵犯。

据调查,85%以上的儿童性侵犯发生在邻居、学校、朋友、亲戚甚至是父母等熟人当中。而香港一份关于性侵犯者的调查显示,父亲占据的比例居然是最高的,达到21%,朋友或者同学也达到19%。近几年来,媒体曝光的诸如"父亲奸淫女儿""少年强奸同学"的案件屡见不鲜。

儿童性侵犯发生的频率正大幅上升。纵观以往的案例,儿童性侵犯正逐渐显示出这样几个特征:遭受性侵犯者的年龄越来越小;比起直接性侵害行为,间接性侵犯行为的发生几率更大;其中80%的加害者为孩子认识的人。

在这种情况下,父母们能做的就是正确了解现实状况,跟孩子一起,共同打造性侵犯的防线,确立相应的对策,并寻找最恰当的解决方法。

1.什么是儿童性侵犯

儿童性侵犯,也称针对儿童的性暴力行为。是指未满14岁的儿童(受害者）受到成年人（加害者）的性侵害。这里包括加害者为了获取生理上的快感而强迫他人抚摸自己的性器官、碰触受害者的性器官、暴露自己的性器官、强迫他人观看淫秽影片、强迫他人裸露身体部位、为了满足私欲而强迫他人与自己发生性行为等。

谈到儿童性侵犯，首先应该知道儿童性侵犯的加害者常为何人以及其与受侵犯儿童的关系。

儿童性侵犯加害者

儿童性侵犯的加害者们通常会投其所好来获得孩子的好感，比如赠送给孩子小礼物、夸奖孩子或者陪孩子玩游戏等。相关案例表明，加害者多为孩子认识或信任的人，比如孩子的亲戚、附近邻居、商店老板、保安、快递人员、学校老师等。所以，家长一定要铭记，平时让孩子不设防或觉得安全的人，也可能是对孩子实施性侵犯的对象。

警告

学校老师和补习班老师的性侵犯行为常常最为隐蔽，因为孩子们容易将老师的行为误认为是对自己的关心。同时由于师生关系的特殊性，孩子可能会长时间持续受到伤害，也可能是多名孩子被同一个人侵犯，这点需要家长特别注意。

哪些孩子容易受到性侵犯？

(1) 比较友善、易亲近、对别人言听计从的孩子。

(2) 容易受物质吸引或易被引诱的孩子。

(3) 缺乏感情呵护、被家人疏忽的孩子。

(4) 年纪小、不能意识到对方侵害行为的孩子。

(5) 父母婚姻关系不佳或与继父母同住的孩子。

性侵犯可能怎样发生？

"跟我回家。"

"这些都归你。"

"我是警察。"

"我是你爸爸的朋友。"

"请你帮个忙。"

"我来陪你玩。"

"叫喊我就打你。"

"你需要补课。"

2.儿童遭受性侵犯的后遗症

行为上的影响

难以和他人建立信任、亲密的人际关系。

妨碍成年后和异性交往的能力。

害怕和他人发生身体上的碰触。

成为儿童、青少年性侵害的加害者。

患多重人格、精神分裂症。

心理上的影响

恐惧：有强烈的不安全感。

羞耻：觉得丢脸，没有资格过正常生活或和别人平等相处。

罪恶感：觉得这件事是自己的错。

忧郁、沮丧：时常自怜自艾，觉得自己是可怜而不幸的人。

3.性侵犯防范须知

告诉孩子男女生身体上的特征与差异，并让他们了解自己的身体是很宝贵的。日常生活中，也要持续不断地对其进行性侵犯防范教育。

正确进行性教育

● 父母要对性教育持肯定态度

对子女进行性教育之前，父母看待性的问题要保持平常心，并用理性的方式分析性侵犯。当孩子带着好奇心询问有关性的问题时，不要慌张或回避，而要冷静对待。如果让孩子察觉到了父母的慌张，他们会觉得，"哦，原来不能问这样的问题"，然后变成自己去琢磨。因此就算是一些难以回答的问题，父母也尽量不要回答"不知道""等你长大就懂了"等等。

性方面的问题应该让孩子在好奇时就告诉他们答案，如果错过了他们带有强烈好奇心和敏锐观察力的阶段，教育效果反而会下降。

● 告诉孩子身体部位的名称和用途

家长应从孩子小时候起就自然、慢慢地向其灌输性方面的知识，给孩子们讲身体部位时，可以告诉他们男女其他部位都一样，只有生殖器"小辣椒"和"小蚕蛹"不一样，先让孩子熟悉"小辣椒"和"小蚕蛹"的称呼，再补充说明更准确、更复杂的词"阴茎"和"阴唇"。

同时还要强调这些部位都是装有小生命的器官，是我们身体很珍贵的地方，一定要特别爱惜。还可以告诉孩子，睾丸和子宫中分别装着爸爸的种子和妈妈的种子，这些种子健康茁壮地成长起来变成大人，就会成为别人的爸爸、妈妈，所以不能用脏手随便碰触自己的生殖器，不能让别人随便拿它开玩笑，更不能随便碰其他小朋友的生殖器。

● 让孩子知道什么是隐私

每个人都需要一个完全自我的空间，在这个空间里，可以发泄自己的情绪，可以想做什么就做什么。这不仅有利于孩子心理健康的发展，同样有利于孩子健康性观念的树立。3岁的孩子已经到了可以给他们讲"隐私"是什么的时候了。父母可以通过一些小事情来给孩子引入隐私的概念。比如，孩子如厕时教他掩上门以"保护隐私"。

父母同样也要懂得尊重孩子的隐私，在进入孩子的房间时，要先敲门征得同意；如果孩子表示想单独待着，那就给孩子一个完全属于他的空间；爸爸妈妈也不能未经孩子同意乱翻乱拿孩子的东西。

同时告诉孩子——

（1）你的身体属于你自己。

（2）每个人都有自己的隐私。

（3）洗澡、换衣服、上厕所时要关门。

（4）永远不要让其他人碰撞你的"私处"。

在家里，有一些地方是"自己的地盘"，有些地方是"公共的地盘"。

● 告诉孩子关于性侵害的基本知识

和孩子谈论性侵害问题的目的是：让孩子能够辨识哪些行为是性侵害，让其学会在自己遇到性侵害时妥善应对。

● 保护好私处

家长可以向孩子强调每个人都要做自己身体的主人，并进一步解释被衣服覆盖的部位是特别的、隐私的，要好好保护，不能随便让人碰触或观看，除非是在就医等特殊情形，否则永远不要让陌生人碰撞自己的胸部、生殖器官、屁股以及嘴巴这四个部位。

● 明确什么是性侵害

儿童必须知道大人试图侵犯儿童的隐私是不对的，有两种性侵害类型是孩子必须知道的。

(1) 没有碰触的性侵害，包括口语上的性骚扰、色情电话、要求儿童观看色情节目或图画；

(2) 碰触的性侵害，包括爱抚、口交、性器官插入或企图插入、触摸隐私处、强暴、乱伦。

注意

让孩子知道，会做这些事的大人不一定是陌生人，也有可能是自己认识的熟人，但任何人都不应该这么做。有些大人会担心儿童会以此为借口而不听大人的话，但我们必须树立的观念是，若要儿童尊重、爱护自己的身体，大人也要尊重孩子对身体的自主权。

● 教孩子分辨什么是善意碰触和恶意碰触

这时举一些现实中的例子来帮助孩子判断会比较好，比如"妈妈喜欢你，抱抱你时，你高兴吗？""小朋友给你取外号，取笑你，还揪你头发，你是什么感觉？""如果有不认识的大人要你脱衣服，怎么办？""跟小朋友们玩过家家，当爸爸、当妈妈时，明明自己不情愿，也要脱衣服吗？"等等，用这些孩子们容易理解的情形，让他们分辨什么是善意的碰触和恶意的碰触。

● 告诉孩子如何分辨大人对自己的喜欢

孩子们对喜欢自己的大人通常都不会产生戒备心理，所以性犯罪多以"你好乖啊"等语言作为诱惑的开始。所以，平日应该告诉孩子，"当别人要看、抚摸你穿内衣的部位，或者给你看他穿内衣的部位时，不是喜欢你的表现"。最好的表达方式是："这不是喜欢你，而是拿你最爱惜的身体开玩笑。"这样，孩子会更容易听懂。还可以告诉他，当有人这样对待他时，可以说"别跟我开玩笑，我不是玩具"做出拒绝。

● 让孩子明白面对异常行为可以选择拒绝

大多数时候儿童都被教导要服从和尊敬大人，但有些时候如果他们不喜欢，他们可以且必须说不。最有效的方式就是训练儿童坚定地阻止潜在的危险发生，并且快速地离开现场，往人群聚集的地方去。家长可以模拟一些潜藏危险的情境，来和孩子一起做角色扮演练习如何说不。

如果陌生人说他是警察，叫你上他的车，他要问你一些问题，你会怎么办？

如果朋友要你脱掉衣裤玩医生病人的游戏，你会怎么办？

如果大人要你触摸他的隐私部位，你会怎么办？

如果认识的大人要触摸你的隐私部位，你会怎么办？

儿童不可能在一次练习或讨论中就完全知道，家长必须和孩子一起用坚定的语气练习，在不同的情境下，重复你的讯息，并提出不同问题提供机会让儿童思考。

● 放学后跟同学一起走

儿童性侵犯案件有60%在白天12点到晚上9点间发生，因为这是孩子们放学在外活动的主要时间。事实上，父母不可能时时刻刻守着孩子，所以让孩子们互相陪伴是比较好的办法，如果其中一人有事情发生，其他人要马上想办法

通知家长。绝对不要让孩子自己单独行动。

● 教会孩子说"我先去问问妈妈。"

儿童性侵犯案件中，性侵犯实施者最常用的诱骗手段就是谎言。骗孩子说要一起玩，要给孩子买好吃的东西，或者恳求孩子带路等等。

家长应跟孩子详细说明几种可能发生的情况，并告诉他们，一旦真的碰到类似的情况，一定要回答说"我先去问问妈妈"。

孩子们都很善良，就算有陌生人请他帮忙，也不会轻易表示拒绝。所以，与其叫他们不要随便相信陌生人，不如告诉他们无论发生什么事，都要先问过妈妈。

4.预防儿童性侵犯

父母须知

所谓"防人之心不可无"，儿童性侵害往往发生在熟人中，你要做敏锐、细心的父母。

（1）不要随便将孩子交给家人以外的人照看，对照看者一定要有深入的了解。

（2）无论多忙，都要每天观察孩子的异常反应：包括胆小、爱哭、惊恐、不愿意别人碰触等表现；在你反复地告诉他（她）这是私密的行为后，孩子还是频繁在公共场合触摸生殖器，你就要引起足够的重视。

（3）在给孩子洗澡的时候，观察孩子的身体，以及内裤上是否有不明分泌物。

（4）了解孩子周围的人，包括亲戚、孩子的老师和伙伴。

（5）拒绝亲友开玩笑式地对孩子进行生殖器触摸等无意识的性侵犯。

（6）教导孩子正确地说出身体各部位器官的名称，如阴茎、阴道、乳房、睾丸等，并告诉孩子这些部位不能让别人碰触。

（7）孩子外出，应了解环境，尽量选择安全路线行走，避开荒僻和陌生的地方。

让孩子记住

（1）除了父母和医生外，自己的身体凡游泳衣覆盖的部位不能让别人看，也不能让别人碰触。

（2）如果别人对你做了什么，只要让你感到疼痛或不舒服，就要立刻反抗，而且尽快告诉爸爸妈妈。

（3）如果你不想让某个人摸你的身体，你可以告诉他不要碰你。

（4）如果某个人摸你并告诉你要保守秘密，无论如何要告诉父母。

5.孩子遭受性侵犯后

对父母而言，这是一个非常痛苦以及困扰的经验，但是父母的处理态度可以决定儿童所受创伤的影响程度，你可以做一些事情来帮助儿童找回控制感及安全感，进而帮助儿童走出遭受性侵犯的阴影。

● 安抚孩子的情绪

应该寻找能够从心理上、精神上安抚孩子的方法。孩子在遭受性侵犯后，大多会责怪自己，认为"是我做错了，才会发生这样的事"。这时父母要告诉孩子"这不是你的错"，让孩子安下心来。

● 寻求帮助

一旦知道孩子遭受了性侵犯，一定要尽快寻求医疗救助，以求将孩子心理和生理上的伤害降到最低程度。

如果打算起诉，就要尽可能搜集证据。

注意

孩子一旦遭受性侵害，记住最好的方法就是面对现实，而非一味逃避。告诉孩子性伤害可以复原，最重要的是保存生命。这是将伤害减至最低的最好方法。

第七章　玩耍安全

◆**游乐场事故**：2010年6月29日下午16时45分，深圳东部华侨城太空迷航娱乐项目发生安全事故，造成6人死亡，10人受伤，其中重伤5人，其余人员安全疏散。事故发生后，当地政府要求立即组织力量对全市娱乐设施展开隐患排查，国家有关部门随后也发文要求各地对游乐设施进行全面检查，排除安全隐患。

◆**溺水事故**：2010年5月3日上午10时49分，珠海市公安局110接到报警，称斗门区斗门镇八甲村旧赤水坑有人溺水。接警后，110迅速指派斗门警方赶赴现场处置，并通知120到场救护。经120医生检查证实，1名4岁儿童已溺水身亡，另一名5岁儿童送医院经抢救无效后亡。

2009年6月30日，一名前来杭州萧山过暑假的10岁女孩，在蜀山街道和玩伴在池塘玩水时不幸溺水身亡；2009年6月25日傍晚，15岁的陕西男孩小赵，跳进贴沙河中嬉水，再也没有回来；2009年7月6日，一名11岁男孩在杭州建德一游泳馆溺水昏迷；2009年7月21日中午，一名11岁男孩和同伴在湖墅南路德胜路旁霞湾桥下的河里摸鱼，溺水身亡，孩子的父母是安徽籍民工，当时正在家里午睡。

◆**坠落事故**：2010年7月19日黄昏时分，广东东莞虎门金洲社区一出租屋发生一起惨剧。惨剧的受害人是一位跟从打工父母来到东莞的4岁孩子阿然。阿然放暑假后，刚从老家来到虎门父母身边不久。这一天，出于好奇，在五楼玩耍的阿然爬上阳台只有75厘米高、5厘米宽的铁质护栏，结果一不留意从护栏上摔至一楼，送到医院后不治死亡。

玩耍，可以说是孩子们的"专利"，更是他们的"特权"。上述不幸的玩耍、游乐安全事故，最终还是剥夺了孩子们的"专利"和"特权"。

有关部门曾经做过调查，结果显示：近5年来14岁以下儿童发生意外事故的原因中，因娱乐及运动设施发生的事故最多，在运动体能逐渐发达、4岁之后愈加好动的孩子中，更是经常发生。在我国，孩子安全玩耍的空间正在逐渐消失：路边几乎成了汽车的停车场，巷子里汽车和摩托车来来往往，就连大楼中庭和公园、运动场的安全都无法让人放心。另外，周边的娱乐设施大多缺乏定期的维护和检修，有的甚至生锈和腐蚀了，可天真的孩子们对此却一无所知……这一切，使得既想让孩子有个快乐的童年，又希望孩子安全有保障的父母们着实为难！

从宏观角度来看，如何建设适合孩子们的游乐场所，提供给他们能够安全地跑跳玩耍的地方，这是个巨大的社会工程，需要全社会的共同努力。微观地说，孩子天性好动，千万别让他脱离你的视线。家长和老师首当其冲地要承担起确保孩子玩耍、游乐安全的使命。

如何确保孩子的玩耍和游乐安全呢？在美国、加拿大，法律规定12岁以下的儿童不可以独处，哪怕在家里也不可以，一定要有成人陪伴。孩子处于脱离监护的状态时，如果被邻居及任何人发现后报警，都要追究家长的刑事责任。为了减少相应事故的发生，家长、老师应该教育孩子，尽量选择游乐场、学校运动场、公园、空地等安全地带玩耍，避免在马路上、铁路边、工地周围等危险场所逗留。

为了保护孩子们的特权，老师和家长应当明确，快乐重要，安全更为重要。有安全才有快乐！

童年就应该尽情地跑跳、玩耍。确保孩子们能够玩得安全，是大人们的职责。

1. 游乐场的安全保障

游乐场是孩子们经常去的地方，对于他们来说，这里简直就是天堂，哪里会想到有些角落里可能潜藏着危险？事实上，由于游乐场的孩子人数众多，且他们的安全意识相对淡薄，发生意外事故的可能性更高。

因此，孩子们要去游乐场时，父母们一定要放下手头的事，陪同孩子前往，担负起保护孩子的责任。在游乐场里，父母们除了要看管好孩子，还应该用通俗易懂的语言为孩子解释娱乐器材的原理、每种设施的安全守则，并亲身示范如何做到安全使用，以降低游乐场中意外事故的发生率。

注意

5岁以下的孩子最容易发生意外事故，所以当孩子们在游乐设施上玩耍时，父母一定要站在孩子身边，保持着时刻能保护到孩子的姿势。

各类娱乐设施的安全守则

● 滑梯

上滑梯时，如果从滑梯往上爬，可能会摔倒或与其他小朋友发生冲撞，应该从阶梯上才安全。

沿着阶梯上滑梯时，应该握紧扶手，一级级地往上爬，切记不要跳跃。还有，等前面的人上去后再向上爬，不要推拉其他人。

一定要一个接一个按顺序坐着滑下，禁止仰着或站着滑下。

从滑梯滑下时手中不要拿着玩具等物品。

从滑梯滑下后迅速为下一个人让路，以免被后面滑下的人撞倒。

● 秋千

当秋千完全静止时，才能上下秋千。

握紧秋千两边的绳子，秋千在摇晃时禁止向下跳。

坐在秋千中间处，不站着、向后仰或用膝盖吊着荡。

不在荡着的秋千旁边做其他游戏。

不乱晃动空秋千，不拉扯秋千两侧的绳子。

● 跷跷板

与一起玩跷跷板的朋友相对而坐。

由于反作用力的关系，游戏中跷跷板可能会弹起，一定要抓紧把手。

坐在跷跷板上时，不要从座位上站起或跳起。

下跷跷板时，先跟朋友打声招呼，动作要小心。

不要把脚放到跷跷板的下方，以免压伤。

突然从跷跷板上跳下的话，另一头的人会重重地落到地上，这是绝对禁止的行为。

● 单/双杠

过高的单/双杠不安全，应选择适合自己身高的单/双杠。

不要倒挂在单/双杠上。

从单/双杠上下来时过于用力跳下的话，冲击力过强，会伤到脚，应小心。

不要离玩单/双杠的朋友过近。

游乐场安全的检查事项

在小孩开始玩耍之前，父母应该先检查游乐场的环境、各种游戏设备的安全性能等。

● 游乐场的地面材质

与铺满泥土、草地的地面相比，橡胶垫、沙子、保利龙、厚树叶铺成的地方更安全。

● 地面厚度

地面厚度最少要达到15厘米。对于滑梯、秋千等可能会让孩子们摔落的娱乐设施，家长一定要事先检查设施下方或周围是否足以吸纳相应的冲击力。用鞋跟用力踩地面，如果不足以达到这种厚度，要取一些沙子垫在下面。

● 地面清洁

要确保地面没有碎玻璃渣、钉子、棱角锋利的物品、垃圾等异物。教育孩子们养成在玩耍前先确认地面整洁并做清扫的好习惯。

● 娱乐器材的扶手及保护装置

对于像滑梯、游戏桥等需要爬上高处玩的设施，务必要检查好阶梯或阶梯扶手是否固定好，或是否有遭到腐蚀、不堪使用的情况。

● 娱乐设施的边角

请认真仔细检查边角、缝隙，并确保没有突出或尖锐的部分。

● 其他

确保没有可能绊倒孩子或撞到孩子的障碍物，还要确认娱乐设施不存在可能让孩子掉入或夹到的缝隙和窟窿。

游戏区安全

检查秋千、滑梯、旋转轮盘、横杠及跷跷板的螺钉、螺栓与铁钳夹子是否拴紧。

- 检查是否生锈或有锐利突出的边缘。
- 沙坑内应该没有玻璃碎片、陀螺、烟头、瓦砾等。
- 禁止小孩子玩不适合其年龄的设备。
- 查看玩耍区域是否铺有草坪或装上沙子或橡胶垫以防跌伤。
- 查看秋千的绳子可有磨损处。
- 查看是否有任何钩状物会钩住宝宝的衣服或皮肤。
- 检查游戏区内的喷水器。
- 天气炎热时，检查秋千、滑梯及其他金属类设备的表面，有时它们会被晒得很热，不适合宝宝玩耍。
- 检查秋千的座垫是否属于轻量型的。万一小孩走到秋千后面或附近，那种重量型的金属垫可能将孩子击倒。
- 秋千支柱是否很稳固地锚定于地上，或者用水泥固定于地上。
- 注意滑梯的表面是否太滑？若是太滑，孩子下滑的速度可能会过快，需要大人站在能够接住他的位置，以防意外时能立刻采取行动。

尽量去那种亲子性的游戏区，父母亲也能够积极参与到小孩的活动中。不要自己呆坐在长板凳上,寄希望于小孩能从诸多设备中获益。大多数的幼儿需要大人教他如何使用单、双杠,如何在沙坑中堆出一个"大蛋糕",如何不畏惧喷水器等等,这并不表示你必须随时随刻守在你的小孩身边。我们在游戏区所见过最快乐的小孩是那些已学会如何冒险、熟悉设备使用技巧,并知道如何与其他小孩相处的儿童。

2.运动安全

使用有轮的滑行器材的安全要求

玩滑板与直排轮等活动是孩子们非常热衷的,但与此相关的意外事故也层出不穷。其实只要做好相应的安全措施,在玩耍时多加小心,这些事故大都是可以避免的。

使用有轮子的滑行器材或者骑自行车时,应该做到:

(1) 穿上合身的、颜色明亮的服装和鞋子。

(2) 佩戴安全帽、护膝、护肘等保护装置。

(3) 玩耍前要检查器材或车子是否正常。

(4) 选择没有车辆和危险品的宽敞地带玩耍。

(5) 当经过斜坡和人行道时,要先脱下滑行器材或者离开车子、滑板。

(6) 尽可能不在夜晚玩耍。

骑坐自行车的安全要求

骑自行车也是孩子们非常喜爱的玩耍活动项目,骑自行车的安全要求同上面"使用有轮的滑行器材的安全要求"基本相同,但还需要补充几点:

(1) 骑自行车之前用30秒时间检查自行车状况。

(2) 双手握好把手,采用正确姿势骑车。

(3) 使用自行车专用道路,在不区分自行车专用道与机动车道的马路,则沿着最右侧通行。

(4) 禁止像玩杂技一样打闹或进行飙车比赛。

(5) 小心马路上的防滑带和区分人行道与车道的障碍物。

(6) 行驶到交叉路口和十字路口时，先停下确认是否有机动车和行人经过。

(7) 经过停在路边的汽车时，车门有可能会突然打开，应先观察再骑过。

(8) 经过斜坡和人行道时，应推车步行而过。

除此之外，还需要进行"ABC安全检查"。

ABC安全检查

Air（轮胎状况）：检验轮胎状况，观察是否有漏气、破裂的情况。

Brake（刹车）：检查自行车把手的刹车装置是否没问题。

Chain（车链）：踩下自行车脚踏板，让其中一个轮子转动，检验车链状态。

玩直排轮的安全要求

玩直排轮的安全要求补充如下：

(1) 手上拿着东西玩直排轮，容易失去平衡而摔倒，如果摔倒时手臂不能起到保护作用，则身体更容易摔伤，所以玩直排轮时，应保持双手空空。

(2) 不要穿着直排轮上下台阶。

(3) 摔倒时出于本能反应会用手扶地，所以手腕容易受伤，应该多加小心，尽量使用护腕。

(4) 不要在马路上玩直排轮。

玩滑板的安全要求

玩滑板时，还需要注意如下安全事项：

(1) 下坡时会加速，危险程度增加，所以应从滑板上下来，走着下坡。

(2) 不要为了在人面前炫耀，玩特技或飙速度。

(3) 小心避免与周围的人发生碰撞。

正确选择与使用安全帽

运动型玩耍离不开安全帽，因此，应该教育孩子合理地选择安全帽，掌握正确的安全帽使用方法。

注意

安全帽就像鸡蛋坚硬的蛋壳，保护我们的脑袋。骑自行车、玩直排轮或者滑板时，如果发生事故，撞击会对大脑造成很严重的损伤。如使用安全帽，则会将这样的损伤程度降低85%。

如何正确地选择与使用安全帽呢？

（1）要选择品质有保证的产品。安全帽应该是舒服、轻巧的，以明亮的颜色、光线反射性好的为佳。

（2）尽量选择孩子喜欢的产品，这样他们才会愿意戴上。

（3）安全帽应该将额头、鬓角、后脑勺全部盖住。

（4）不要遮住眼睛和耳朵。

（5）如果戴得偏后，发生事故时可能会脱落，起不到保护作用。

（6）调节好安全帽松紧度，将其固定好，但不要将耳朵和脖子部分扣得过紧。

（7）摔倒或发生冲撞后，安全帽也会受到冲击，"受伤的安全帽"即使外表看起来并无大碍，也要更换。

3.玩具安全

由于玩具引发的意外事故从未间断过。玩具枪之类的危险性自不必说，就连图画书、塑胶玩具等的杀伤力，都比我们想象的大得多。

因玩具导致的安全事故时有发生。这些本来是可以避免的，只要你多长个心眼，乐意了解，肯去评估……

窒息事故

与玩具相关的幼儿意外事故正逐渐增多，其中一半为窒息事故。

口腔期幼儿（婴儿）尤其应当注意这方面的风险。根据弗洛伊德所划分的人格发展阶段，处于人格发展第一阶段（即出生后18个月内）的，正是口腔期幼儿。

口腔期幼儿的心理形成，大多源自嘴部的刺激，他们喜欢将身边所有能碰到的东西放进嘴里，玩具自然也不例外。

明白了这一点，大人就知道如何看护好可能随时被婴儿拿去放到嘴里的"玩具"了。

中毒事故

如果玩具中的电池（特别是纽扣状的小电池）被孩子放入口中吞下去的话，会使身体内脏腐蚀，含有水银的电池更为危险。

玩具中的电池进入耳朵或者鼻孔发生腐蚀的话，不仅会造成创伤，还会发生鼓膜和鼻黏膜穿孔。

玩具枪引起的事故

被玩具枪的塑料弹珠打伤的情况很多，受伤部分主要在眼睛四周，还有人门牙被子弹打掉的。

像这样的弹珠玩具枪对人和动物而言都很危险，基于安全考虑，最好不要让孩子玩。

塑料回旋镖引起的事故

一般来说，回旋镖扔出去后还会回到原位，但大多数孩子都不知道正确的使用方法，加若遇到大风天气，回旋镖常不受控制。面对突然飞来的东西，小孩子根本来不及采取防御措施，只能等着被撞。

因书而起的意外事故

孩子也可能被纸张割伤或被尖锐的书角撞伤。现在的书本多由较厚的纸张或活页制成，重量较重，如果从高处掉落下来，还可能砸伤人。

若要不被书所伤，应该怎么做呢？

对于初次接触书本的孩子来说，布制或者塑料制的书胜于厚硬的纸书。因为孩子喜欢把手中的东西放入嘴里，厚纸张的书较为危险。

如果你必须购买厚纸张的书籍或活页书籍，最好将书的四角包住，且尽可能选择薄一些的书本。

玩具的购买、使用、保管

● 明智地购买

购买玩具时应考虑孩子的年龄，如果4岁的孩子玩7～8岁孩子的微型积木，他们可能会把积木吞下去，造成意外。

买娃娃时，应避免选择眼睛、鼻子部位用玻璃或纽扣制作的产品。另外，还要避免拆开后能够放进喉咙、耳朵、鼻子的小玩具（直径3厘米以下）。

考虑到孩子会咬嚼，必须选择无毒的玩具。

尽可能不要选择连接部分过多或者金属制成的玩具，因为会夹到孩子的手指或身体其他部位。

确认玩具发出的声音不会过大，过大的噪音有可能导致孩子失聪。

确认玩具是否会掉色。涂上着色剂的产品，用卫生纸或布擦拭时，很容易掉色。

● 安全地使用

充分了解玩具包装上标注的注意事项。

未满3岁的孩子在拿着玩具玩耍时，家长要在一旁仔细监督。

给孩子玩具时，一定要扔掉包装。

定期检验家中玩具是否安全，扔掉不合适的。还有，确认玩偶的眼睛、鼻子或其他部位是否缺失。

剪掉玩具上的长带子和绳子。

● 保管玩具

不同年龄孩子使用的玩具应该分开保管。

4.休闲旅游活动安全

孩子参加休闲旅游活动时，除考虑孩子兴趣、体能及家庭经济能力外，首先要注重安全。以下是您要提醒孩子注意的。

（1）外出首先要征得父母同意，并说明目的地及返家时间。

（2）遵守交通规则，时时注意交通安全。

（3）确实遵守各场所或游乐区的安全规则。

(4) 进出公共场所，要留意逃生路线及出口。

(5) 没有家人（或父母同意之成人）陪同下，绝不可单独去游泳或戏水。

(6) 使用游乐设施，应注意安全，以免发生意外。

(7) 搭乘交通工具勿将头、手伸出窗外。

(8) 团体活动时，应在指示的时间、地点集合，切勿擅自脱队，以免发生危险。

(9) 上下楼梯避免拥挤，乘坐电梯注意安全。

5. 游戏安全

夏季戏水的安全

每年夏天，尤其是暑假期间，都会发生大量儿童溺水事件。发生意外的孩子绝大多数年龄在7～15岁之间，70%以上都因不注意安全而引起，换句话说，如果做好相应的预防教育，便可以减少70%的事件发生。

下面让我们来逐一了解为保障戏水安全而需要遵守的事项。

(1) 下水前一定要做准备活动，在准备活动不充分的情况下水，腿部可能发生痉挛，俗称"抽筋"。

(2) 下水前先确认安全救援人员和同行大人的具体位置，儿童必须在救援人员或家长在旁陪护时才能做戏水活动。

(3) 下水前务必先确认水深，如不知道水深，不可轻易游泳或潜水。

(4) 饭后休息1小时再下水游泳。

(5) 不要连续游泳1小时以上，连续在水中玩耍1小时后，一定要休息10分钟以上才能再次下水。

(6) 游泳时不要在口中嚼口香糖或糖，避免造成窒息。

(7) 有眼疾或耳疾的孩子不要戏水。

特别关注

让很小的孩子独自待在泳池里是危险的，应在一旁全程监护。

对于使用潜水呼吸管的孩子也要进行持续监护，尤其不能把婴幼儿交给其他小孩保护。

事先学会救助法和心肺复生术，在游泳池周围备好适当的救援设备。

冬季运动安全

到了冬天，堆雪人、打雪仗则是孩子们常玩的项目了。同样，我们也来看一下雪上运动安全守则：

（1）叮嘱孩子雪球不要团得很大很瓷实，扔雪球时用力要适度，不要把雪球扔到小朋友脸上或者脖子里，也不要把小朋友往雪堆里推。

（2）时刻注意过往行人及车辆，以免发生危险。

此外，雪上各项运动还因为各自特点不同，在安全方面分别有各自的要求。玩耍时，孩子们特别要注意不同运动的相关安全事项。

● 堆雪人、打雪仗

（1）最好戴上一副五指分开的带有防水效果的手套，以免冻伤。穿上防滑效果好的皮棉鞋或旅游鞋。

（2）玩耍场所最好选择在平坦、开阔的地带，以防积雪覆盖的地面有坑洼凸起的地方，让孩子摔倒。

（3）玩耍时间不要过长。为孩子准备好换洗的衣服及干毛巾。

● 滑雪

（1）穿上合身的滑雪服，一定要使用滑雪护目镜、安全帽、手套。

（2）初学者务必跟着老师一起滑。

（3）跟老师进行充分的热身活动。

（4）在坡度较缓处进行充分练习后，再逐渐挑战较难的坡度。

● 坐雪橇

（1）不要戴过长的围巾。

（2）选择较缓的坡度。

（3）觉得要发生碰撞时，快速跳离雪橇，用手与肘抱头滚到一旁是很安全

的方式。

(4) 向坡上走时，要避开雪橇行驶的路线，沿路边走。

● 溜冰

孩子们喜欢溜冰，安全上同样也有要求。具体包括：

(1) 在没有大人看护的情况下，孩子们不要一同去溜冰。

(2) 穿上保暖、合身的衣服，戴好护膝和手套。

(3) 与其他人同方向前进，同前面的人保持一定距离。

(4) 不要多人牵手一起滑，也不要逞强比赛。

(5) 摔倒时用手长时间撑着冰面很危险，应快速站起并移动到边缘地带。

(6) 禁止穿着溜冰鞋在溜冰场地行走或爬台阶。

(7) 每溜1小时应休息10分钟，喝些温暖的饮料。

6.玩耍安全检查清单

现在请和孩子一起按下列事项检测，如答"是"的为0~1个，则非常需要努力，2~5个需再做努力，6个以上代表做得很好。

注意	是	不是
清楚地知道哪里是安全的娱乐场所。		
玩游戏、做运动时选择简单透气的衣服。		
在游乐场玩时，不仅要注意自己的安全，还要注意其他人的安全。		
骑自行车、玩直排轮或滑板时，佩戴好安全帽、护膝和护肘。		
骑自行车、玩直排轮或滑板时，先观察四周。		
使用娱乐设施前，先检查设备有无异常。		

续表

玩有轮子类的娱乐器材时,选择无自行车行驶的公园或者运动场。经过斜坡和人行道时,先脱下滑轮器材或跳下车子、滑板,带着器材或车子步行走过。		
了解玩具可能引发的事故种类及预防方法。		
游泳下水前一定做好暖身运动。		
连续戏水时间不超过1小时,玩耍1小时后至少休息10分钟。		
在没有自行车专用车道的道路上,骑自行车靠右侧通行。		
了解冬季运动要注意的事项。		

玩耍安全问与答

阅读下面关于玩耍安全的问题和答案,和孩子一起聊聊自己的想法。

问题1:朋友不小心落水了怎么办?

答:发现落水的人,自己盲目地跳进水里救人是很危险的。

别犹豫,用最快的速度通知救援人员或附近的大人。

将管子、衣服、夹克、毛巾、树枝、棍子等扔向落水的人,试着让他抓住,将他拉上岸。

将落水的人救上来后,别让他体温下降,先将其湿衣服脱下来,擦干其身体并做按摩,使其体温逐渐恢复过来。如果情况不乐观,需要尽快送往医院接受专业治疗。

问题2:自己不小心落水怎么办?

答:不要慌张,将身体放松,同时大声向周围的人呼救。衣服入水后重量增加,容易使身体下沉,如果落水时穿着衣服,尽可能努力地将衣服脱掉。

问题3：在马路边与朋友玩球，不小心将球打到了车道上，川流不息的车辆让人害怕，所以不敢上前捡球。那么，应该到哪里玩球才是正确的呢？

答：在马路边玩耍，无论是对于小孩子还是对于驾驶车辆的司机，都是十分危险的事。如果因为要追球而糊涂地跑到车道上，很容易发生交通事故，而且车子为躲避突然飞来的球，也有可能会撞到其他车辆。想要玩球的话，要选择公园、游乐场、学校运动场等安全地带。

问题4：把孩子一个人留在公园或游乐场没关系吧？

答：如果孩子的年龄尚小，父母应该留在孩子身边监护。如果孩子到了可以跟小朋友一起出去玩的年龄，一定要问清楚跟谁玩、去哪里，并让其熟记游乐场安全守则。尽可能让孩子与多个孩子一起玩，同时告诉他们不要跟随陌生人去任何地方。

7.应急措施

止鼻血

孩子在玩滑板时与别人撞在一起流鼻血了，该怎么办？

(1) 令其坐下来，肩膀向前倾，不要让鼻血流进喉咙。

(2) 撑住孩子的后脖颈，用拇指和食指掐住鼻头10分钟。

(3) 用凉毛巾或者冰块在双眼之间搓揉效果更好。

(4) 当鼻血不仅止不住，反而流得更多时，应该及时联系120寻求帮助。

眼伤或异物入眼

在运动场上玩耍时，不小心把土弄进眼睛里了，怎么办？

(1) 至少用清水洗20分钟。

(2) 不要用手揉眼睛，应用干净的绷带包覆或用纸杯罩住受伤的眼睛，前往医院。

(3) 如果眼睛里飞进异物，应该前往医院诊治。

第八章　公共场所安全

◆**乘坐电梯的意外**：2010年7月31日，在大连沙河口区和平广场内发生一起事故。一名8岁男孩与同伴在乘坐滚梯下楼时，男孩的左脚趾被夹在电梯边缘。事故发生后，电梯自动启动了应急装置，迅速停了下来，工作人员设法将男孩救出并送往医院治疗。经检查男孩脚趾骨折。

◆**观赏野生动物的意外**：2005年6月28日，哈尔滨北方森林动物园内，一名18岁男高中生攀爬铁护栏进入老虎散放区，结果被3只散放的老虎咬死。事后经过有关部门确认，这名高中生是在和9名同学庆祝高考结束聚众饮酒后，越过2.1米的护栏进入老虎散放区的。

◆**广场活动的意外**：2010年5月7日，新疆塔城文化广场儿童娱乐设施气垫床被风吹翻，造成9名儿童受伤，其中塔城市五小学生锁煜豪被诊断为左侧枕骨骨折、颅底骨折，并转往自治区人民医院治疗。

孩子发生意外事故是不分时间和场所的，如：身体某部位被夹进物体缝隙里，或手指被娱乐设施伤到；有时孩子走路时会跌入水沟；有时孩因好奇心钻进停在墙边的车和墙之间的缝隙里，动弹不得。

意外伤害会对学龄儿童的健康成长构成很大的威胁。磕伤、摔伤、吞食异物、从高处坠落等，对孩子造成的伤害更是触目惊心。对年轻的父母来说，给予孩子细致周到的保护与教会孩子自我保护的方法同等重要。

儿童意外事故最大的特点就是无法预测。而给予孩子们足够的关心，是预防儿童意外事故的捷径。

孩子的安全知识依赖家长、学校或者相关部门的教导和传授。

1. 外出安全

远离建筑工地

建筑工地除了吊车、卡车外，还会有钢筋架、水泥板、砖头等，这些东西在尚未建好的建筑物上随时可能掉下来，而且建筑工地地面上还会有带有铁钉的木板或其他可能扎伤脚的东西。

注意

凡是建筑工地或施工场所，都是暗藏危险的地方，小孩子一定要远离建筑工地。

不围观打斗场面

小孩往往爱凑热闹，街上如有打斗场面，有些孩子喜欢凑上前去看一看。实际上这是很不安全的，小孩子年龄小，判断力差，一旦躲闪不及非常容易被误伤。

注意

小朋友一定要记住，无论在商店、车上，还是其他公共场合，都应该远离一切打斗场面。

远离精神病人

有时候，街上会出现"与众不同"的人：蓬头垢面，独自絮语，大声歌唱……有些孩子会因好奇跟在他们身后看热闹，还有的小孩会嘲笑他们，并用石子扔向他们。

注意

精神病人一旦被激怒,甚至没有任何原因,都会袭击围观者,小朋友也许会因此受到伤害。因此,切记要远离精神病人。

不摸断了的电线

由于刮风或老化等原因,有些电线会断开,垂下来像条绳子,小朋友千万不要去触摸。这些断了的电线往往还带有很高的电压,当你伸手去摸的时候很容易被电击伤。

注意

见到断电线要绕开走,并通知有关人员来修理。

电焊光不能看

工人在做焊接工作时,电焊枪会发出强烈的光线。许多小孩常常好奇地观看,这是极其危险的,因为电焊发出的光线里含有高强度的紫外线,会刺伤视网膜,严重的还会造成失明。

注意

小朋友遇到电焊发出的光时,一定要遮挡眼睛马上离开。

2. 户外自我防范

外出或在公共场所,孩子们遇到的情况会比较复杂,尤其需要提醒孩子们:

(1) 提高警惕,做好自我防范。

(2) 熟记自己的家庭住址、电话号码以及家长姓名、工作单位名称、地址、电话号码等,以便在危急时取得联系。

(3) 外出要征得家长同意,并将自己的行程和大致返回的时间明确告诉家长。

(4) 外出游玩、购物等最好结伴而行,不单独行动。

(5) 不独自往返偏僻的街巷、黑暗的地下通道,不独自一人去偏远的地方。

(6) 不要把家中房门钥匙挂在胸前或放在书包里,应放在衣袋里,以防丢失或被坏人抢走。

(7) 外出要按时回家,如有特殊情况不能按时返回,应设法通知家长。

(8) 外出时衣着朴素,不炫耀自己家庭的富有。携带的钱财要妥善保存好,不委托陌生人代为照看自己携带的行李物品。

(9) 不接受陌生人的钱财、礼物、玩具,与陌生人交谈要提高警惕。

(10) 不搭乘陌生人的便车。

(11) 不接受陌生人的邀请去做客。

3. 不同场所的安全

做父母的,都有带孩子逛商场、进超市的经历。"眼睛不够用了"可能是你和孩子的共同感觉。于你而言,要挑选商品,还要看好孩子,简直是又忙又乱啊;于孩子而言,那么多新奇的东西都等待他用手、用脚,甚至用嘴去探索,他也玩得不亦乐乎。但是,好玩的商场超市往往也是事故高发的地方,需要父母们格外注意自己孩子的安全。

商场安全

● 旋转门

旋转门对于孩子而言,是个有趣的大玩具。他会乐此不疲地进进出出,玩个不停。如果孩子好奇心强,把手伸到门缝里去,很有可能被夹伤。如果是手推的旋转门,进出的人突然用力推

在垫子上蹭掉泥土

门，孩子很可能被撞倒。

进出商场大门时，一定要牵着孩子。如果孩子执意要玩旋转门，别嫌麻烦，陪着他一起玩。进出旋转门的时候，把孩子的手拢在胸前，别让孩子的手到处摸。

● 扶梯

商场里上下运转的扶梯是孩子们最喜欢的地方之一，坐多少遍都嫌不够。如果孩子踩在两级台阶之间，电梯往前走，孩子会因为站不稳而摔倒，那些尖锐棱角对孩子的威胁可不小。

这时候你需要做的是小心谨慎，而不是急于锻炼孩子自己上下电梯。要牵着孩子的手上下电梯，并教给孩子如何迈步。另外，注意别让孩子的围巾、衣服、鞋带等卷入电梯，给孩子造成伤害。

● 地板

商场里光滑如镜的地板对于爱跑爱闹的孩子来说就像一个冰场，一不小心就会滑倒，如果撞到柜台就更危险了。而且，冬天如果孩子的鞋底有雪或冰，进到温暖的室内就会化成水，孩子就像穿上了溜冰鞋。

平时要给孩子穿鞋底防滑的鞋子。冬天带孩子去商场，进门时最好让孩子在门垫上蹭蹭鞋底，进去后先牵着孩子的手走一会儿，等鞋底干后再让他自己走。不要让孩子在商场里跑跳。

● 结账处、游戏区、试衣处

你结账和试衣服的时候，对于孩子来说是最无聊的时候，走又不能走，玩又不能玩。等烦了，也许他会悄悄溜号，自己找乐子去了。

有的商场设有游戏区，你可以把孩子"寄存"在那儿。这些地方虽然有专人在出入口看守，但也时有一不注意让孩子从眼皮底下溜出去的事。

走失的危险一般不会出现在太小的孩子身上，因为小宝宝不是抱在怀里就是放在婴儿推车里，爸爸妈妈也不可能把他放在游戏区不管。孩子到了3岁，可以教会他们在找不到爸爸妈妈的时候，不要跟不认识的人走，最好是留在原

地等待，或者向保安叔叔和售货员阿姨求助。在游戏区玩，没有爸爸妈妈来接，一定不要自己出来。

如果收款台前排了很长的队，你最好先忍痛割爱，放弃你购买物品的欲望。特别是你独自一人带孩子的时候，还是先保证孩子的安全吧。

注意

一旦孩子走失要记住"一静一动、十人四追"的原则。一静就是心要静，不能乱了方寸；一动是赶快找人帮你去广播。十人四追就是找十个人，朝四个方向追，自己站在原地等候。

在广播找人时，要把孩子的特征描述清楚。"孩子大眼睛、很活泼"这样的描述一点儿用也没有，要说得很具体直观，比如孩子几岁，穿什么衣服，头发什么样儿，哪里有颗痣等，这些明显特征很容易识别。

超市安全

● 超市推车

美国儿科学院主办的《儿科》杂志刊登的研究报告指出，每年美国有2.4万名左右的儿童因为从购物车上跌落或因购物车翻倒而受伤被送往医院，其中四分之三的孩子伤到头部或颈部。

如果你留心一下就会发现，超市推车存在着各种各样的问题，比如左右两轮的高度不一致，方向轮转动不灵活等等，好动的孩子坐在没问题的车里都容易出事，更别说这些有安全隐患的推车了。另外，孩子坐在车内手扶着推车的两边，也很容易被过往的推车或购物筐剐伤。

注意

如果想让孩子坐在推车上,首先要看看轮子转动是否自如,车体是否平稳。孩子坐上去后,叮嘱他扶着前面的把手,而不要扶车的两边。

● 开放式货架

堆满商品的货架很容易吸引住妈妈们的眼球,只顾专注地挑选商品。如果宝宝小手闲不住,这儿抓一把,那儿碰一下,货架上的东西很可能就奔他的头上、身上砸去了!即使宝宝不出手,旁边人不小心弄掉商品,也可能殃及我们的小宝贝。另外,在卖玻璃器皿等易碎品的地方,也要看好宝宝,或者干脆把他抱在怀里。否则,不是那些东西伤着了他,就是他伤着了那些易碎品。不管出现哪种情况都很麻烦。

注意

不要让孩子离货架太近,周围人多时,最好把孩子抱起来。另外,不要光看商品,还要时时注意你身边的小不点儿。

● 散装食品区

散装食品区对宝宝来说是一个极具诱惑力的地方:那么多好吃的东西都摆

在眼前，而且很多东西都能直接放进嘴里吃！但可能你一不留神，"小馋猫"就被呛着或噎着了。

注意

叮嘱孩子不要随便拿东西吃。但你也不能太"相信"他，孩子的克制力还不太强，而且他不是故意和你对着干，是那些东西让他欲罢不能。所以，你还要看牢他。

小区安全

不光是陌生的环境、刻意的行为会给孩子造成伤害，有时候，熟悉的环境、热心人的好意，也会伤害到他！小区恐怕是你和孩子最熟悉的地方了，可能已经熟到你闭着眼睛都能知道哪个角落有什么东西。不过，太熟了，有些安全问题就成了盲点。

● 健身区

健身区的每个健身器材都有详细说明，哪些是孩子玩的，哪些是大人玩的，怎么玩。如果不适合孩子玩，就不要让孩子玩。

有的孩子不玩器材，爱在健身区里跑来跑去，很可能碰到健身器材而受伤。另外，小区健身器材如果受损严重，即便是适合孩子玩的，也会出问题。

注意

首先要仔细阅读器材上的说明书，一定让孩子玩适合他年龄、身高、体重的器材。玩之前先简单检查一下器材有没有破损、残缺的地方。另外要叮嘱孩子，别在健身区内跑来跑去，别人玩的时候，要绕着通过。

● 小动物

孩子对小动物的态度一般有两种：喜欢或害怕。喜欢的，就不知轻重地去摸它、追它、揪它；害怕的，看见就跑，但小动物又最爱追那些跑的孩子。一旦猫狗不高兴了，咬一口，抓一下，可就麻烦了。

注意

你不能指望狗的主人都规规矩矩地把狗拴上，只能让孩子远离这些猫猫狗狗，别去招惹它们。万一被咬、被抓，一定要尽快去接种狂犬疫苗。

● 花草

一般家长都会告诉孩子，不能摘小区里的花，也不能揪叶子，不然小花小树会受伤的。可是家长很少想到，这些动不了的花草也会伤到孩子，比如玩耍时被刺扎伤手，钻到树丛里被划伤胳膊、腿，被树枝扎伤等。

注意

不要让孩子在有刺的花丛边玩，路过这些地方时不要打闹、推搡。最好不要让孩子钻到小树丛里玩，那些横七竖八的枝条如果扎到孩子的脸和眼睛，后果也是很严重的。所以，千万别被花草娇柔、美丽的外表迷惑住。

● 陌生人

虽然小区里不像大街上那么乱，但也不能掉以轻心。现在人贩子的手越伸越长，他们不只"光顾"热闹的地方，还会选择那些家长认为比较安全的地方下手，利用家长的大意，趁机作案。

注意

别让孩子离开你的视线。另外，教给孩子一些安全常识，告诉他，除了家里人，不让任何人抱他走，也不能吃别人送的东西。如果有人要抱他，要大声叫喊。

● 熟人

俗话说，远亲不如近邻，大家住在一个小区里，低头不见抬头见，一起聊会儿天、互相帮个忙也是常有的。如果你带着个可爱的小宝宝，认识不认识的人都会忍不住停下脚步，逗逗他，抱一抱。有时，还非要把自己刚买的花生、糖果往孩子手里塞，却不考虑小孩子吃这些东西安不安全。

注意

如果不得已要把孩子托付给别人，要叮嘱好对方需要注意的问题：什么东西不能给他吃，不能单独把他留在房间里等等。一定不要抱着别人应该知道的

心理，有些注意事项你不说他是想不到的。

● 大孩子

再怎么说，这些大孩子也只有几岁而已，他们还不能设身处地地为小孩子着想。比如不会想到小宝宝不能吃他们能吃的东西，不能像他们走得那么快那么稳。虽然他们没有恶意，但也会无意中伤害到小宝宝。

注意

五六岁的小孩子还不知道怎么逗孩子是安全的。作为大孩子的家长，要告诉自己的孩子，哪些是不能做的，比如不能摸小宝宝的头顶，不能用力拉小宝宝的胳膊等等。而小宝宝的家长一定要保护好自己的孩子，如果大孩子表达喜爱的方式不对，可以很和气地指出来。这样既保护了自己孩子的安全，也保护了大孩子的热心。

4. 公共场所安全检查清单

请跟孩子一同完成如下问题。

注意	是	不是
搭乘手扶梯时是否一直抓好扶手？		
是否会站在手扶梯台阶上标示的黄色安全线内？		
上下扶梯时是否会打闹？		
乘扶梯时，是否会将头、胳膊伸到手扶梯外侧？		
进入旋转门时是否会快速跑进？		
通过旋转门时，是否会中途突然停下，或者倚靠门、用手推门？		

续表

电梯门开后，是否会先确认电梯已完全停在与地面平行的位置后，再走进去？		
是否会不随意乱按电梯中的操作按钮？		
是否会在电梯内蹦跳、打闹？		
是否会倚靠电梯门？		
电梯突然停止或停电时，是否会按紧急按钮请求帮助并，冷静等待？		
在游乐场等人多的场所，是否会让孩子佩戴写有联络方式的手链或项链？		

5.公共场所安全问与答

请和孩子一起熟悉并遵守下列有关公共安全的内容。

问题1：一定要给孩子戴上防止他丢失的卡片吗？

答：在游乐园一类拥挤的场所内，最好还是让孩子戴上写有联系方式的小卡片，那样的话，与孩子失散时，寻找起来也会更容易。而且，游乐园之类的地方通常都配有广播室，事先与孩子确认好广播室的位置，约好如果发生意外情况就到这里等待大人。

问题2：不小心掉进地铁、铁路轨道下，怎么办？

答：大声求救，让周围的人知道有事故发生，然后卧倒在月台下的墙角空间里。

问题3：有人掉到轨道上了，怎么办？

答：为了救人而盲目跳到轨道上是很危险的。先让他卧倒在月台下的墙角空间里，然后马上通知车站工作人员请求帮助，直到工作人员到来。不要逞强独自往前冲，与周围的人一起合作更明智。

6. 应急措施

手指、鞋带或衣角被夹进手扶梯缝隙里时，该如何处理？

（1）如果衣角被夹到手扶梯里，很难取出，应马上大声求助。

（2）手扶梯最上方和最下方有红色的紧急停止按钮，可以求助其他人帮忙强制停止手扶梯运行。

（3）不要企图用手拽出夹在缝隙中的衣服，弄不好的话，连手指都会带进缝隙里。

（4）快速脱掉衣服或鞋子也不失为一种好方法。

第九章　自然灾害安全

◆**遇上地震：** 2008年5月12日我国四川汶川发生了大地震。根据四川省政府举行汶川地震灾后恢复重建情况通报会通报的数据，因地震而遇难人数被确定为68712人，失踪17921人。在死亡与失踪的人员中，儿童占有很大的比重。仅在校学生，经审核认定为死亡的部分和已经核查但尚未宣告为死亡的失踪人数，就达5335人。

　　地震作为一种自然灾害，对人类的危害极大。对大多数幸存的儿童来说，避过地震灾难仅仅是第一步，由地震导致的严重身心损害会持续很长时间，甚至终生。其中，最常见的是创伤后应激障碍（post-traumatic stress disorder,PTSD）。事实上，给儿童造成身心伤害的，不仅仅是地震。很多研究表明，儿童在经历创伤性事件后往往会出现PTSD，这些创伤来自自然灾害，如森林大火、飓风和地震等，以及人为伤害如交通事故等。

　　我国幅员辽阔，也是自然灾害多发的大国。无论是灾害的种类、强度、频率，均居世界首位。继2008年汶川特大地震以来，2010年又发生了青海玉树大地震，舟曲地区特大泥石流，江淮流域、东北三江地区、四川、重庆、福建、海南等南方多个省份的大洪涝……

　　在全球气候变化的背景下，我们面临的自然灾害形势越加严峻复杂，因此，带领孩子学习防灾减灾知识和避灾自救技能，对每一位家长来说，都是非常有必要的。

1. 地震安全

地震是指受到地球内部活动及板块运动的影响，导致地球内部长期积蓄的能量在瞬间释放，其中一部分能量以地震波的形态向四方传播至地面，造成地面晃动的自然现象。简单地说，地球内部能量释放到地表，引起大地断裂、摇晃的现象就是地震。

平时做好地震准备

（1）全家人都要知道煤气及电源开关的位置及如何使用开关。

（2）家中摆放的物品或装饰品，首先要考虑牢固、安全。

（3）家中应备有家用消防器材，并要知道如何使用。

（4）全家人都要知道地震时家中哪里最安全。

（5）了解居家、工作场所、学校附近的应急避难场所，地震时就撤到这些安全的地方。

（6）要了解自己天天接触的建筑物，像学校教学楼、寝室、家中的房屋等。知道哪种结构的建筑物抗震性更好。

（7）位于地震高发地带的家庭，家中要准备地震急救包，放一些必需的物品，如手电筒、半导体收音机、食品、矿泉水、药品以及绳子、小锤子等。

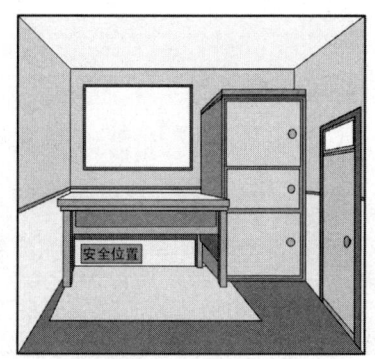

理想的避险地

地震逃生要领

● 地震时，我们怎么保护自己？

（1）选择小开间、坚固家具

放低、蜷曲身体

抓住牢固的物体

旁就地躲藏。

(2) 伏而待定，蹲下或坐下，尽量蜷曲身体，降低身体重心。

(3) 抓住桌腿等牢固的物体。

(4) 保护头、颈和眼睛，掩住口鼻。

(5) 避开人流，不要乱挤乱拥，不要随便点明火，因为空气中可能有易燃易爆气体。

● 地震时，学校里的自我保护

(1) 不要向教室外面跑，应迅速用书包护住头部或抱头、闭眼，躲在各自的课桌下，待地震过后，在老师的指挥下向教室外面转移。

保护头

(2) 在操场室外时，可原地不动蹲下，双手保护头部。注意避开高大建筑物或危险物。

(3) 千万不要跑回教室去。

● 地震时，户外的自我保护

(1) 就地选择开阔地蹲下或趴下，不要乱跑，不要随便返回室内，避开人多的地方。

(2) 要避开高大建筑物，如楼房、高大烟囱、水塔，避开立交桥等结构复杂的

不乱点明火

建筑物。

(3) 避开危险物或悬挂物，如变压器、电线杆、路灯杆、广告牌、吊车等。

(4) 避开危险场所，如狭窄街道、危旧房屋、危墙、高门楼等。

2. 暴雨安全

暴雨是指24小时降水量大于或等于50毫米的降水。暴雨的主要危害有：导致江河湖泊水位暴涨，淹没农作物，冲毁农田，造成农作物减产或绝收；冲毁道路、桥梁、房屋、通讯设施、水利设施，冲垮堤岸堤坝，造成江河水库决口，酿成大灾；引起山洪暴发、山体滑坡和城市内涝，直接威胁人民生命财产安全；造成严重水土流失，影响生态环境。

如果遇到暴雨怎么办？

遇到暴雨时，应考虑如下行动，以防范由于暴雨来临引起的风险。

(1) 畅通水道防堵塞。暴雨持续过程中，家长应确保各种水道畅通，应防止垃圾、杂物堵塞水道，造成积水。

(2) 修好屋顶防漏雨。暴雨来临前，家长应仔细检查房屋，尤其是注意及时抢修房顶，预防雨水淋坏家具或无处藏身；预防雨水冲灌使房屋垮塌、倾斜。

(3) 关闭电源防伤人。暴雨来势凶猛，一旦家中进水，家长应当立即切断家用电器的电源，防止积水带电伤人。

(4) 减少外出防意外。暴雨多发季节，注意随时收听、收看天气预报预警信息，合理安排生产活动和出行计划，尽量减少外出。

(5) 远离山体防不测。山区大暴雨有时会引发泥石流、滑坡等地质灾害，附近居民或行人应尽量远离危险山体，谨防危情发生。

自处暴雨中如何避险？

(1) 在积水中行走时要注意下水道和井坑。出行遇到暴雨引起大面积积水时，要注意观察四周有关警示标志，注意路面，防止跌入窨井、地坑、沟渠之中。

（2）小心触电。暴雨袭来，猝不及防。切记留心观察，远离电线、电器等设施，以防漏电遭致伤亡。

（3）遇到积水时，车绕行。驾驶员行车过程中，突遇暴雨，当心路面或立交桥下积水过深，尽量绕行，切莫强行通过。

（4）防止雨水进屋。为防止暴雨发生时雨水灌入屋内，居民可因地制宜采取放置挡水板、堆砌土坎或其他有效措施，将其拒之门外。

注意

山区暴雨来临时，防范山洪需留意；暴雨时减少外出，办事旅游要警惕；不在坡边多停留，危险山体要注意；提防突发泥石流，更防山洪平地起。

3.洪水安全

洪水来临之前应该采取什么措施？

（1）注意收听、收看天气预报。当天气预报连续报有暴雨或大暴雨时，居住在河谷、低洼地带和沿江、沿湖地区的，就要提高警惕，随时注意灾情的变化，及时采取适当的措施。

（2）在洪水到来之前，按照预先选择好的路线撤离易被洪水淹没的地区。

洪水来时如何逃生？

当洪水来临，积极的应对措施应当是：

（1）如果洪水来势凶猛，已来不及撤离时，可爬上屋顶、墙头或附近的大树上，等候救援。但土墙、干打垒住房或泥缝砖墙住房，经水一泡随时都有坍塌的危险，只能用做暂时的避难场所，还应想别的办法逃生。

（2）如果有可能，可吃些高热量食品，如巧克力、饼干等，喝些热饮料，以增强体力。避难时，应携带好必备的衣物以御寒，特别要带上必需的饮用水，千万不要喝生水，以免传染上疾病。

(3) 用手电筒、哨子、旗帜、鲜艳的床单、衣服等工具发出求救信号，以引起营救人员的注意，前来救助。

(4) 可借助木板、木床、箱子等可以在水上漂浮的东西逃生，但须注意，不到万不得已不要用这种办法。

(5) 洪水过后，不要徒步穿越水流快、水深已过膝盖的小溪。

注意

洪水过后，还应按照当地卫生防疫部门的要求，服用预防药物，搞好自己和周围的环境卫生，以预防传染病及防止蚊蝇滋生。

4.泥石流安全

泥石流往往突然爆发，在很短的时间内将大量泥沙石块冲出沟外，沉积的泥沙和石块还会将所经之处掩埋，是一种破坏力巨大的地质灾害。我国是受泥石流灾害比较严重的国家之一。

识别易发生泥石流的气候和天气

(1) 雨天，尤其是下暴雨，泥石流容易发生。

(2) 长期降雨或突降暴雨后要注意防范泥石流。

(3) 雨季的晴天也要预防泥石流的发生。

(4) 有地质灾害隐患威胁的住户，在持续降雨期最好转移到安全地带。

泥石流发生的前兆

(1) 泥石流沟谷上游突然传来轰鸣声。若山体发出打雷般声响，极有可能是泥石流发生的前兆。其声音明显不同于机动车、风雨、雷电、爆破等声音，可能是由泥石流携带的巨石撞击产生的。

(2) 泥石流沟谷下游突然断流或者水势突然加大，并夹杂有很多柴草、树枝等。

(3) 河流上游地区的山林，在洪水冲刷淘蚀下发生滑动，滑坡堵住河水导致河流断流，这是溃决型泥石流即将发生的前兆。

（4）动物异常，如猪、狗、牛、羊、鸡惊恐不安，不能入睡，老鼠乱窜。

泥石流发生时如何脱险救护

（1）遇到泥石流，要往与泥石流成垂直方向的山坡上跑，而不能顺着泥石流的方向往下游跑，且不要停留在凹坡处。

（2）在沟谷内逗留或活动时，一旦遭遇大雨、暴雨，要迅速转移到安全的高地，离山谷越远越好，不要在低洼的谷底或陡峭的山坡下躲避、停留。

（3）野外宿营时要选择平整的高地作为营地，不能在由滚石和有大量堆积物的山坡下面扎营，也不要在山谷和河沟底部扎营。

（4）暴雨期间沟谷堵塞时，随意去疏通是非常危险的。

（5）暴雨停后，不要急于返回沟内的住地，应等待一段时间。

5.台风安全

台风突发性强、破坏力大，是世界上最严重的灾害之一。但台风是可以预测的，在科学技术高度发达的今天，用现代科技已经可以精确地预报台风的具体移动方向、登陆地点以及风力。只要采取有效的防御措施，就可使灾害损失降到最低。

台风来临前的防护

（1）在台风季节，要随时注意收听气象广播，收看天气预报，做好防范工作。

（2）及时加固房屋需要加固的部位，防止屋塌伤人。

（3）关好门窗。

（4）阳台、晒台上的花盆以及其他容易吹落楼下的物品要及时搬进室内。

（5）室外天线、空调机架、晒衣架等都要检查或者加固，防止坠落伤人。

（6）疏通泄水、排水设施，保持其畅通。

（7）准备好食品、饮用水、照明灯具、雨具以及必需的药品，以防不测。

如何应对台风

（1）尽可能留在屋内，减少外出。不能去台风经过的地区游玩，不能在台

风影响的海边游泳或驾船出海，更不能去海边观潮。

（2）听从当地政府和有关部门的安排，不能在有危险的区域活动。如果被通知撤离，要立即执行，以确保人身安全。

（3）如果实在不得不外出时，尽量乘坐出租车或公交车。如果只能步行，一定要穿轻便防水的鞋子和颜色鲜艳、紧身合体的衣服，把衣服扣子扣好或者用带子扎紧，并且要穿好雨衣，系紧雨帽或者戴上安全帽。行走时弯腰把身体缩成一团，以减少受风面积。谨防高空坠物，如广告牌、树枝、玻璃、花盆等。遇到危险时，及时拨打救助电话求助。

（4）如在旅游景区，要听从景区工作人员的安排，及时疏散到安全区域或者宾馆内休息。在沟谷，要尽快转移到山坡高处山脊平缓区，以防突发洪水。

（5）如果在路上看到有电线被风吹断、掉在地上，千万别用手触摸，也不能靠近。马上拨打当地热线电话通知抢修人员。

（6）遇有雷电时，不能用手机接打电话，尤其在地势高处，如山上、高楼处等。要谨慎使用电器，严防触电。

（7）密切注意周围环境情况，出现洪水泛滥、山体滑坡等危及住房安全的情况时，要及时转移。

台风信号解除后注意事项

（1）要坚持收听电台广播、收看电视，当撤离的地区被宣布安全时，才可以返回该地区。

（2）如果遇到路障或者是洪水淹没的道路，要切记绕道而行。

（3）避免走不坚固的桥，不要开车进入洪水暴涨区域。

（4）地面水域很有可能因为地下电缆或者断垂下来的电线而具有导电性，要绕道而行。

（5）要检查煤气、电线线路的安全性。

（6）检查自来水的安全性。在不能确定自来水是否被污染前，不要喝自来水或者用它做饭烧菜。

第十章　儿童安全教育ABC

2010年3月23日7时20分左右，正逢孩子上学的高峰时间段，在南平实验小学门口，一名中年男子手持砍刀，连续砍杀13名小学生，结果造成8名孩子死亡，5名孩子受伤。后来查明，凶手是一名被辞退的社区诊所医生，疑似精神病患者，警方已予以逮捕归案。

南平血案中，仅在55秒内，凶犯竟砍杀了13名小学生！莫说55秒砍杀13人，就是55秒找13个人，那也并非易事。原来，那天南平市实验小学门口，学生并不是在零零落落地进校，而是几十个学生聚集在门口等待学校开门……

如果关注新闻的话，儿童安全的话题会不断地冲击我们视线：湖南踩踏事故8死26伤；浙江天台5名失踪儿童陈尸水库；新疆小学踩踏事故致1人死亡；广西草屋火灾4名儿童死亡，其中2人系留守儿童……不管什么原因引起儿童发生意外，都令人触目惊心，儿童安全已成为教育系统乃到整个社会无法回避的重大课题。

以南平血案为例，人们发现了很多问题，如现场孩子们没有逃跑，没有反抗，反应迟缓；难开的校门突显学校管理的严重问题；孩子们缺乏起码的避险和自救意识；以及，难辞一咎的教育疏漏……那么，我们要如何教育孩子？教他们什么？又如何教呢？

1. 父母护卫子女守则

(1) 当所有孩子都安全时，自己的孩子才会更安全，要守望相助才能自助、人助、天助。

(2) 父母应维持正常的家庭生活作息，注意孩子的行踪、交友等情况，以保障孩子的安全。

(3) 平时建立良性的互动关系，当子女发生事情时，才会及时告诉父母协助处理。

(4) 相信儿童的直觉，父母要主动倾听子女的感受，勿认为孩子的想象力丰富或会夸大实情而忽略孩子遭到侵害的事实。

(5) 允许孩子对大人说"不"，让孩子明白：并非事事都要屈从成人的权威。

(6) 让孩子了解各种潜在危机外，更要与孩子模拟情境、充分讨论，熟悉后才能随机应变。

(7) 加害者不限于陌生人，可能是生活周遭的熟人或亲友，可能是男性也可能是女性。

(8) 如果孩子不幸遭到侵害，要配合学校进行辅导，并重建孩子的信心与安全感。

(9) 指导孩子发现人性的光明面，尊重生命，学会爱护自己，关怀他人。

(10) 培养孩子健全的身心，共同营造祥和安全的生活环境，让孩子远离暴力、色情等传媒的污染。

2. 教导孩子识破歹徒的伎俩

儿童天真无邪，易沦为歹徒掳人勒索或性侵害的对象，父母要提醒孩子识破歹徒常用的伎俩，防范不幸事件的发生。

(1) 人——冒充警察、邮递员、师长、父母的友人或请求协助者，接近孩子或闯入屋内。

（2）事——假借遇到困难，利用孩子的同情心、无助感或贪心等实施诱骗。

（3）时——选择过早或过晚、人少或落单的时机下手作案。

（4）地——尾随孩子或藏身在偏僻的巷道、工地、公园角落等地伺机作案。

（5）物——以糖果、玩具、金钱诱骗孩子上当；请孩子喝掺有迷幻药物的饮料。

3.让孩子机警起来

让孩子明了世界上大部分的人都是好人，我们要学习互助互爱，但也要防范少数坏人，学会保护自己。了解歹徒惯用的伎俩之后，可指导孩子注意：

（1）助人时要保持警觉，必要时找同学结伴同行或请认识的大人帮忙。

（2）看到形迹可疑的陌生人，立刻报告老师或父母。

（3）父母不在家时，不随便开门让他人进入。

（4）绝不乘坐陌生人的车辆，拒绝陌生人的接送。

（5）接听陌生人的电话时，不要让他知道父母不在家。

（6）不要太早到校或太晚回家，天黑时不要外出游玩。

（7）避免单独去人少的地方，例如校园死角、楼顶、工地、公园、防火巷等地。

（8）去公共厕所时，找人结伴同行，避免落单。

（9）不随便接受陌生人的赠予。

（10）学会打求救电话。

必须会拨打这几个电话——

120：呼叫救护车救死扶伤的电话号码。

110：请警察帮忙或报案的电话号码。

119：请求消防部门救灾灭火的电话号码。

(11) 放学时，若等不到父母来接，应留在学校请师长协助打电话联络家人，不可走出校外，或独自回家。

(12) 回家进入楼梯或电梯间，如有可疑陌生人，勿先上楼，等陌生人离开后再进入。

4. 跟孩子一起，探讨面对危机的应对之道

平时应该教导孩子：

(1) 如遇歹徒，要大声喊叫，引人注意。否则应避免激怒歹徒萌生杀机，须以保全生命为第一考虑。

(2) 要冷静与歹徒合作，先取得信任，再运用机智逃离。

(3) 找机会逃到人多的地方求救，或躲入商店、民宅。

(4) 在公共场所应找服务台人员或向警察求助。

(5) 若在大马路上，可以用手敲打路旁停放的车辆，让车子警报器大响以吓退坏人。

当孩子走失时，如何处理？

当父母发现孩子走失时，可依下列步骤处理。

(1) 立即请求身边的人员协助寻找。要求封锁各出入口彻底清查。

(2) 报警，并提供照片或录像带。

(3) 动员亲友协助寻找，并留一人在家中守候电话。

(4) 透过媒体或儿童福利机构协助寻找。

5. 避免孩子遭受性侵害，应当采取的预防与处理措施

儿童性侵害是指任何人用威胁、暴力、诱骗或其他不正当的手段对待儿童，以达到性骚扰、性接触或发泄性欲的目的。性侵害对儿童身心发展的影响很大，父母应多加防范。

预防措施

(1) 指导儿童合宜的穿着和言行。

(2) 教导儿童正确的性观念,对于任何人提出的性接触要求,都要断然拒绝。

(3) 让儿童知道身体某些部位属于个人隐私,别人不可随意触碰。如胸部、两腿之间的私处、臀部等。

(4) 要儿童学习分辨不同形式的触摸,哪些是善意的,哪些是恶意的。如可以摸头、肩膀,不可以摸两腿之间的私处。

(5) 对于不当或不舒服的身体接触,儿童要勇敢说"不"。

(6) 让儿童知道不正当的触摸可能来自陌生人也可能来自熟人,应避免独自在无人的场所逗留。

父母如何识别孩子已遭到性侵害

(1) 生理方面。

生殖器官(包括阴部、肛门、尿道)有受伤、疼痛、出血或感染症状。

行走或坐卧时感到不适。

处女膜破裂或两腿内侧有红肿、淤伤现象。

(2) 行为方面。

异常的情绪反应,如:恐惧、退缩、攻击等。

对异性或特定的成人反应异常,不是过分亲昵,就是极度害怕、逃避。

极力掩藏生殖器官等身体部位。

孩子遭到性侵害,父母可寻求学校辅导老师协助处理

● 维护隐私

处理时,应维护孩子的隐私与尊严,顾及孩子的感受,避免二度伤害。

● 了解事实

鼓励孩子说出事实,并给予支持与安全感。

● 危机处理

(1) 保存受侵害的证据。

(2) 安排孩子到医院检查、治疗。

(3) 洽询当地性侵害防治中心。

(4) 带孩子接受心理辅导。

心理支持

(1) 倾听、接纳孩子的感受，相信孩子所说的话，肯定他所说的事实真相。

(2) 告诉孩子这件事他没有错，他还是好孩子。

(3) 表达父母的关心，给他温暖与安全感。

(4) 请学校辅导老师配合辅导。

6.校园暴力的预防与处置

校园暴力事件有大欺小、强欺弱、恐吓及勒索等，包括身体、言语、心理、性的虐待，对孩子的学习与人格发展影响大，家长应多加以防范。

预防措施

● 避免成为校园暴力的受害者

(1) 建立良好的亲师沟通渠道，多听、多了解，及早发现孩子的问题。

(2) 教导孩子应有的待人处事之道，谦虚、有礼、尊重、包容才能结交好朋友。

(3) 教孩子学会控制自己的情绪，不轻易被激怒或恐吓。

(4) 让孩子不炫耀、不招摇，不轻易说出家中经济状况。

(5) 让孩子不去和自己年龄不符的场所。例如网吧、电玩店、桌球室等。

(6) 了解孩子的交友状况，避免其结交不良习性的朋友。

(7) 留意孩子的言行、身体状况。例如身体有不明伤痕、退缩、变瘦、言辞闪烁、行为异常等。

● 避免成为校园暴力的加害者

(1) 婚姻暴力与家庭暴力可能养成孩子的暴力倾向，故父母应以身作则，维持和谐讲理的家庭气氛。

（2）当父母发现孩子有暴力倾向应立即加以制止，免得他误认为这么做是被认可的。

（3）帮助孩子选择有益的电视节目及书籍，避免有暴力性质的内容，以免误导。

（4）与孩子探讨校园暴力可能需负的法律责任。

父母应如何处理校园暴力事件

● 受害者父母怎么做

（1）了解事情的经过，有助于家长对问题的处理。

（2）勇于揭发事实，将事实报告给老师或学校行政人员，退缩或息事宁人只有更姑息加害者。

（3）与老师共同协助辅导受害孩子，保护他，使其免于承担再度受害的恐惧。

（4）教孩子正确面对暴力，做到不自大、不怯懦、有自信，切勿私下报复。

● 加害者父母怎么做

（1）了解问题的原因。

（2）承认自己的孩子做错了，以免助长孩子的暴力行为。

（3）教导孩子暴力行为的严重后果，及可能涉及的法律责任。

（4）带着孩子向受害者及其父母道歉，并负起必要的赔偿责任。

（5）爱与关怀是化解孩子暴戾之气的良方。

7.日常生活中应注意的安全事项

日常生活中，父母应提醒孩子注意下列安全，并且以身作则。

（1）居家安全。预防歹徒入侵，避免误食药物，注意水电煤气，避免烧伤烫伤。

(2) 玩具安全。购买有"ST安全玩具"标志的玩具。

(3) 游戏安全。避免在高处嬉戏、跳跃,并注意抽屉、门锁、桌角、锐利刀剪等可能造成的伤害。

(4) 交通安全。遵守在马路上行走及乘坐交通工具之安全规则。

(5) 生活安全。远离色情、暴力、赌博、毒品、烟酒、不良媒体或场所。

(6) 饮食安全。多喝开水、在家用餐、不随意吃摊贩贩卖的食物。注意包装上的标识,勿食用过期或腐败的食品。

(7) 疾病安全。患有传染病应尽快就医并在家中休息,以免传染给别人。

8.常见的事故伤害急救措施

正确的急救步骤可以帮助自己或他人将伤害减至最低。

烧烫伤

(1) 冲:用流动缓慢的干净冷水冲洗伤口。

(2) 脱:在水中脱下或剪开覆盖在伤口的衣物,但不可勉强撕下已粘住皮肤的衣物。

(3) 泡:将伤口浸泡水中,不可刺破水泡。

(4) 盖:用无绒毛的清洁布块盖住伤口,不可涂抹药膏或酱油以免伤情恶化。

(5) 送:立即将伤者送往医院救治。

中暑

(1) 将患者移至阴凉处平躺。

(2) 解开衣物散热气。

(3) 用水或稀释的酒精擦拭全身降低体温。

(4) 尽快送往医院。

中毒

(1) 设法查明吞服何种有毒物品。

(2) 如果中毒者并未昏迷,且吞服的是清洁剂,可饮牛奶或生蛋白,切勿喝水或催吐。

（3）立刻打电话叫救护车。

（4）将毒物空瓶或残留毒物交给医护人员，以协助诊断或治疗。

触电

（1）拔掉插头或关闭总电源开关。

（2）站在绝缘体上（例如：塑料板、木制品），用扫把或木椅将电源拨离伤者。切勿用潮湿工具或金属器物碰触伤者。

（3）送到医院急救，告诉医护人员触电的时间。

煤气中毒

（1）关闭煤气的总开关。

（2）打开所有门窗，但勿开关任何电源以免发生爆炸。

（3）将伤者移至户外，进行人工呼吸。

（4）打电话叫救护车。

（5）通知煤气公司做检修及处理。

肿胀淤伤

（1）立即停止活动，让受伤部位休息、抬高。

（2）赶快用塑料袋装一些冰块或冰水，以毛巾包覆在受伤部位约30分钟（冰敷可以帮助血管收缩，减轻内出血所引起的肿痛）。

（3）如果冲击力很猛或是扭伤，可能会伤及体内器官或骨骼，应该立即就医。

（4）此外，在家中准备一个"家庭急救箱"，放在家人都知道的地方，定期更换及补充物品，以便不时之需。

准备家庭急救箱：温度计、冰袋、剪刀、夹子、棉花、纱布、绷带、创可贴、棉花棒、解热剂、止痛药、肠胃药、眼药水、抗生素药膏、碘酒、氨水、医用酒精、紫药水、小型手电筒等。

附录 应急措施

1.遇见急救患者的行动要领

发生紧急情况时,能为孩子提供帮助的正是事故现场的家长。如果家长平时就熟知以下事项,在紧急状况发生时才能够迅速行动,获得最佳的急救时机,避免造成家庭悲剧。

请求帮助(呼叫救护车)

发生紧急情况,应马上请求帮助。

首先大声呼喊周围的人过来帮忙。

如果有需要,拨打120、110、119。

注意

拨打120、110、119时一定要冷静说明患者所处的地区、患者状态、联系方式等,并回答急救人员的问题;事故发生的始末;周围的危险要素(火灾、事故、危险物质等);患者人数。

迅速、冷静面对

面对紧急状况,反应要迅速、到位:情况有多危急?应采取怎样的措施?

无论发生什么事,都不要丢掉"沉着"与"冷静"。

实施紧急救助

如何确保在紧急状况下能够快速、准确地处理?只有反复、经常地练习救助措施。

在家中、车里或公司备好急救箱,以便紧急状况下使用。使用后一定要记得补充不足的药品。

在没有医生指导的前提下,绝对不能乱用药,就算是特别熟悉的状况,用药也要慎重。

熟悉紧急心肺复苏法。

2.人工呼吸与心肺复苏法

人工呼吸与心肺复苏法不仅用于窒息情况下的发生，还可用于多种危及生命状况时的急救。平时参加一些专业机构的培训，掌握正确方法和姿势是很有用的。

人工呼吸

人工呼吸法在家庭急救中经常应用到，是指在病人呼吸突然停止或极度呼吸衰竭时，利用人工方法帮助其呼吸，使其恢复自然呼吸的一种方法。常用的人工呼吸法有以下三种。

● 口对口吹气法

(1) 患儿仰卧，头向后倾，下巴仰起，救护人站在或跪在一旁，在患儿嘴上垫一层手绢或直接口对口。

(2) 自己先吸一口气，然后口对口将气吹入，同时把患儿的鼻孔捏住，观察其胸部帮助患儿呼吸。

(3) 这样反复有节律地进行，一般每分钟16～18次。

(4) 吹气时不可用力过猛，尤其对儿童每次吹气至其胸部膨胀起即止，另外，吹气时应徐徐吹入，以维持和刺激患儿的有效呼吸。

(5) 进行人工呼吸时，如果患儿呕吐，可将头转向一侧，然后用手清理口腔后转过头继续施行人工呼吸。

● 俯卧压背法

(1) 患儿俯卧，头偏向一侧，一侧臂向前伸直，使其头枕在另一只弯着的手臂上，腹部用枕头垫高。

(2) 家长跪伏在患儿大腿两侧，面向患儿头部，两臂伸直，内手掌半放于患儿下胸背部两侧，均匀地用力按压后背下部，使气体由肺脏排出。

(3) 然后两手放松，身体后仰，除去压力，使胸部自然扩张，空气进入

肺内。

(4) 如此反复进行,每分钟16~20次。此法对触电及溺水者更为适宜。

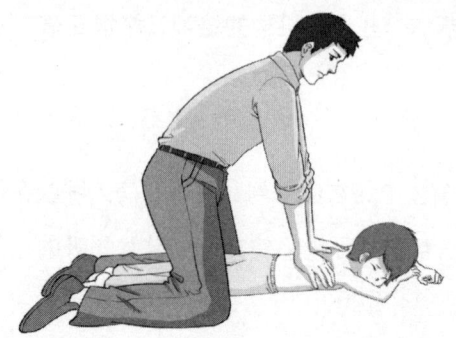

● 仰卧压胸法

(1) 患儿仰卧,头侧向一边,尽可能将舌头拉出,背部垫上枕头或衣被,使胸部抬高。

(2) 家长跪于患儿大腿两侧,以手掌贴于患儿两侧肋弓部,拇指向内,其余四指向外,借上半身的体重用力向胸部上后方压迫,挤出胸内空气,然后松手,胸部自行弹回,使空气吸入。

(3) 如此有节奏地进行,每分钟16~18次。

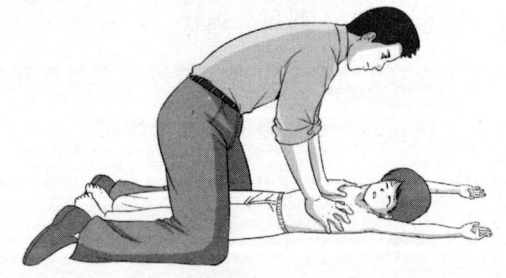

注意

在实施人工呼吸时,应谨记以下几点:

(1) 将患儿安放在空气流通的地方,松开衣服,但不要使患儿受凉。

(2) 用纱布或手帕清除患儿口中的痰液、血块、泥土或牙套等物。

(3) 口对口呼吸时,嘴与嘴间可放上手帕或几层纱布,但不要太厚,以免影响空气吸入。

(4) 如有条件，人工呼吸的同时，可肌肉或皮下注射呼吸兴奋剂，如 25% 可拉明 1~2 毫升等。

(5) 患儿有微弱的自然呼吸时，人工呼吸应和病人的自然呼吸节律相一致，不可相反。

(6) 患儿呼吸恢复正常后，方可停止人工呼吸，如果患儿呼吸再度停止，则应再次施行，不可中断，只有确定病人已经死亡，方可放弃抢救。

(7) 用力要适当，以防肋骨骨折，也不要挤压胃部，防止将胃内容物压出，阻滞呼吸。

(8) 抢救开始时，首次吹气两口，每次吹气量在800毫升左右，以免造成胃扩张，以胸廓上抬为准。

(9) 吹气时不要按压胸部。

● 心肺复苏法

患者为新生儿（出生未满3个月）时，用双手包住胸，两拇指按压其胸骨中间部位胸骨，下陷深度为1.5~2.5厘米，每分钟100次；患者为幼儿（12个月以内，体重未满10千克）时，先将患儿平躺在平实地面，用食指和中指垂直按压其胸骨中间部位，下陷深度为2~3厘米，每分钟100次；若为小儿（8岁以内，体重未满25千克），先将患儿平躺在平实地面，然后用手掌一侧（靠近手腕的一部分手掌）竖直，按压胸骨中间部位，下陷深度为2.5~4.0厘米，每分钟80次。

人工呼吸和心肺复苏法是两项互补的急救措施，可以按照30:2的频率来交

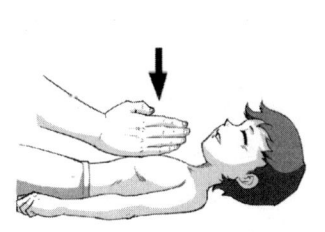
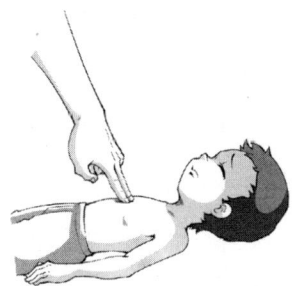

替采用,即按压30次进行2次人工呼吸。

注意

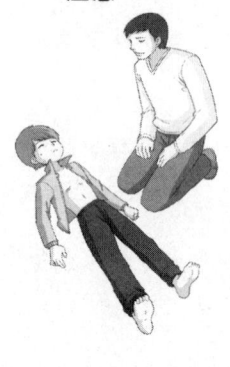

双膝跪在患者腋窝附近

将手掌重置于患者胸部中央偏下的位置,按压患者上方胸骨。

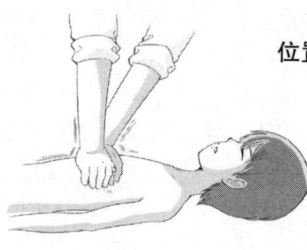

使患者胸部下陷4~5厘米,频率应为每3秒5次。

以下情况视为心肺复苏中止指标:

心肺复苏进行30分钟以上,检查病人仍无反应、无呼吸、无脉搏、瞳孔无回缩,确定病人已死亡。

3.不同事故的相应应急措施

● 喉咙被异物(年糕、果冻等)卡住时

急救措施越及时越好。喉咙被异物卡住时气管被堵,无法向脑输送氧气,人在这种情况下,3~4分钟便会失去意识,超过4~6分钟很可能就会脑死亡,如缺氧10分钟以上,医学上即看作脑死亡。

用手指伸进嘴里去扣的话,异物可能反而夹的更深,要迅速通知患者父母或者周围大人。

自己一个人时,若不小心吞下异物,要将肚脐上方与肋骨下方的腹部部位靠在椅背或桌子边缘,用力往腹部施压。

被异物卡住时,拍背或做人工呼吸是没有帮助的,拍背只对零到一岁的婴儿有效,因为成人气管构造与零到一岁的婴儿不同。当气管被异物堵住时,做人工呼吸反而会让异物卡的更深。

反复实施哈姆利克氏急救法（冲击腹部），将异物弹出。如果患者患有肥胖症，则用按压胸部替代按压腹部，直至异物弹出。

确认异物已经排出后，将患者送往医院，检查有无因按压腹部而造成的内脏损伤。

当患者无法说话，双手或一只手交叉抓住脖子(呈V状)，脸与嘴唇变红、变青时，即为喉中卡住东西的症状。

(1) 马上让患者直立，双臂从后方围住他的腰。一手握拳，拇指置于患者肚子中央。

(2) 另一只手包住握拳的手，置于患者的妒忌与胸口中间部位，握拳的手用力按压患者腹部，同时向上推。

(3) 确认患者口中是否有异物吐出，如一次没有成功，则反复进行。

头部受伤时

在伤口处涂抹消毒药，轻揉止血。

如出现红肿，则用冰块按压伤处。

尽量不要洗澡，直到伤口愈合。

出现呕吐、痉挛、目光涣散、面色苍白、犯困嗜睡，或是耳鼻出血等状况，应马上送往医院就医。

四肢骨折时

伤到骨头的话会肿起来，并伴随剧烈疼痛，无法动弹。应尽量保持不牵动

第一步

第二步

第三步

到受伤部位的前提下前往医院。

如果不能马上就医，要在周围找到板子、木棍之类的东西，将伤处的肌肉或者骨头固定好。记得捆绑紧，但同时要注意不要阻碍血液循环。

如伤者出血，要将出血处抬到高于心脏的位置，轻轻按压止血后，拨打120请求帮助。

尽量不要洗澡，直到伤口愈合。

跌倒擦伤时

将患处处理干净，防止感染。

用消毒药和水将患处洗净，除去异物。

用合适的软膏涂抹在患处，用纱布包裹好，再用胶布固定。

更换绷带时，如绷带粘住伤口，就先用消毒药水浸泡患处，再将绷带摘除。

有小虫飞进耳朵里

鼓膜没有其他症状时，可将温水灌入耳内，杀死飞虫，但要注意不要用过热或过凉的水，因为会刺激脑神经，造成晕眩。

可以走到暗处，让灯光直射耳朵或用烟熏，但如果碰到怕光的飞虫，此方法不起作用。另外，用棉花棒或挖耳勺挖耳朵的话，飞虫可能会钻的更深。

采取紧急措施后，前往医院耳鼻喉科，让医生将飞虫取出。

喝下异物时

喝下有毒物质时，让患者喝下水或牛奶，并一起吐出。

喝下冰醋酸或清洁剂时，让患者喝下大量牛奶，阻止肠胃吸收更多有毒物，然后马上送往医院。

喝下油类物质时，如果催吐，患者可能会有危险。因为呕吐时，会造成少部分液体进入肺部，催吐的过程中，也可能伤害到食道，所以最好是马上送往医院。

发生冻伤时

将患者转移到温暖的地方。

脱去浸湿、裹在身上的衣服。

尽量将患处置于高处，用干净的纱布包裹患处。

如果离就医时间还很久，可将冻伤部位浸在温水里（38℃～42℃左右）。

即便冻伤部位症状有所缓解，也应前往医院就诊，以进一步确定是否得到了合适的治疗。

不要抚摸或按摩冻伤处。

不要让患处接触电热毯或暖炉。

冻伤部位回温后，不能再暴露在寒冷的环境中。冻伤即为皮肤过度裸露在寒冷地带而造成的损伤，在干燥、寒冷的地方长时间反复暴露会形成冻伤，长时间置于冷水中也会造成冻伤。

患有低温症时

低温症是指患者体温处于35℃以下。暴露在寒冷中，谁都可能患上低温症，严重时，可能失去意识或心脏功能异常进而导致死亡。

不要将患者置于寒冷环境中。

移动患者或变换其姿势时，有导致心脏麻痹的危险，动作要慢、要轻。

脱去湿的衣服，用毯子包住患者。

如患者状况好转，可以进行对话，可将其带到温暖处，喝些温水。

如患者无意识且呼吸困难，要马上呼叫救护车送往医院。

被热水或火苗烫伤（热烫伤）时

首先将患者转移至安全地带。

脱去衣服，摘下手链、长命锁等饰品。

如烫伤严重，衣服粘在皮肤上，不要硬扯，保留该部分衣服，将周围部分用剪刀剪掉。

用冷水浸湿的毛巾或对患处进行冷却。由于小孩子体温下降容易造成低温症，故冷却时间最好不要超过10分钟。还有，冰敷容易造成皮肤细胞损伤，尽可能不使用该办法。烫伤严重时，在采取紧急措施后马上送往医院。如不接受正确的治疗，会造成烫伤部位的感染，留下伤疤或使皮肤颜色变深。

涂抹无刺激性的烫伤软膏，将烫伤部位用消毒纱布或绷带包裹好。这时，切记不能使用脱脂棉。

不要将水泡戳破。

注意不要让烫伤部位接触脏东西。

不在患处涂抹乳液、酱油、烧酒、酒精等，因为这么做反而会导致细菌感染。

触电（电烫伤）时

不要徒手触摸已经触电的人，不然也会一同触电。

首先要关闭电闸，切断电源。

如果切断电源，可以找来棍子、塑料袋一类的非导电物体，帮助伤者脱离电源。

确认伤者是否还有呼吸，如果连续几秒钟感受不到呼吸，马上实施人工呼吸。

把伤者身体放平，用毯子包裹，保持体温。

这时尽可能不要移动伤者身体，待专业医护人员赶到后迅速将伤者送往医院。

被蜜蜂蜇伤时

碰到蜜蜂时，不要用手挥舞驱赶，身体一活动反而容易被蜜蜂蜇。安全的方法是趴在地上一动不动，直至蜂群消失。

被蜜蜂蜇伤后，应仔细检查是否有蜂针留在皮肤里。如用手拔蜂针，会使蜂毒渗进皮肤，应该用镊子或硬卡片将针推出。

用冷水或冰块按摩患处。如经过一天红肿还未消退，应前往医院接受治疗。

如被有毒的蜜蜂蜇到，必须马上前往医院。被蜜蜂蜇后如出现视线模糊、呕吐等症状，说明毒性已经在身体里扩散，要加快就医速度。

被蛇咬伤时

情绪激动或跑跳会加速毒性扩散，务必镇定下来。

让患者躺下，将绑在伤口周围的物品全部解开。

让伤口置于心脏以下，用绷带勒住伤口的上方或下方，防止毒性扩散至全身。

在伤口往心脏方向15厘米处用毛巾、衣服等绑住，松紧度为可滑进一只手指。

采取紧急措施后，马上将伤者送往医院，不要让伤者吃任何东西。

眼睛里飞进异物时

千万不可揉眼睛。

将头放在水龙抬头、水杯或者水壶下方，用流水持续冲洗15分钟以上。或者用脸盆接好水，将脸置于盆中，反复眨眼，直至异物被洗出。

如果做过这些动作后，异物依然留在眼睛里，可以尝试用湿毛巾或卫生纸边缘将异物取出。

依然无效的话，要保持闭眼的状态，前往医院就医。

有化学物质进入眼睛时

千万不要揉眼睛。

将头放在水龙抬头、水杯或者水壶下方，用流水持续冲洗15分钟以上。或者用脸盆接好水，将脸置于盆中，反复眨眼，直到化学物质被洗出。

小心不要将洗出化学物质的水溅到患者和其他人身上。

患者睁不开眼睛时，用手翻开眼皮清洗。

根据化学物质不同，采取的治疗方式也不同，务必前往医院眼科，接受紧急治疗。

眼睛受伤时

先让患者平静下来,不要转动眼球,另一只没有受伤的眼睛也不能乱动。

用干净的纱布和绷带固定好伤口。

用纸杯或塑料杯盖住眼睛,防止感染脏物。

注意避免让患者移动身体,并马上将其送往医院接受治疗。

发生痉挛时

让患者躺在安全地带。

用毛巾包住筷子或勺子,横在患者的上下牙间,防止其咬到自己的舌头。

不要将手伸进患者口中,防止被咬伤,务必小心。

患者伸直平躺,并将肩膀转向一侧,防止呕吐时,呕吐物进入气管。

解开患者衣服的纽扣和腰带。

大部分患者都是因为发烧而导致痉挛,所以要想办法降温。

如痉挛时间持续较长,应尽快送患者就医。

危险随时随地都可能出现,这就决定了采取任何的急救措施都没有固定的、一成不变的完美范例,家长朋友们要根据各自面对的不同情况采取灵活、有效的方式来应对,保证在一个冷静和理性的前提下来完成救助,同时尽可能保持急救方式的安全和规范。